高职高专“十二五”规划教材

化工单元控制及仿真操作

尹兆明　赵建章　主编
蔚明春　主审

化学工业出版社
·北京·

本书介绍了常用化工自动化基础中单回路控制系统、各种复杂控制系统、DCS系统，仿真的基本概念、系统仿真技术的应用、仿真培训系统学员站的使用方法和仿DCS系统的操作方法。重点介绍了化工单元操作系统的仿真培训使用方法，包括离心泵、换热器、加热炉、精馏塔、吸收解吸、压缩机（单级透平离心式压缩机以及二氧化碳压缩机）共七个单元。为配合职业教育和在职培训，各培训单元都是按照操作原理（过程原理、流程及控制系统）、设备、正常操作指标、冷态开车步骤以及其他控制方式进行编写，并配有带控制点的工艺流程图、仿DCS图、仿现场图。本书具有较强的实用性，符合培训实际情况。

本书可作为高职高专、中专、技校化工类专业学生和在职培训的化工厂操作工的实训教材，也可作为仪表及自动控制类专业学生培训参考书。

图书在版编目（CIP）数据

化工单元控制及仿真操作/尹兆明，赵建章主编．北京：化学工业出版社，2012.1（2023.7 重印）
高职高专“十二五”规划教材
ISBN 978-7-122-13057-0

Ⅰ．化…　Ⅱ．①尹…②赵…　Ⅲ．化工单元操作-高等职业教育-教材　Ⅳ．TQ024

中国版本图书馆 CIP 数据核字（2011）第 265360 号

责任编辑：张双进　　文字编辑：云　雷
责任校对：战河红　　装帧设计：王晓宇

出版发行：化学工业出版社（北京市东城区青年湖南街 13 号　邮政编码 100011）
印　　装：北京虎彩文化传播有限公司
787mm×1092mm　1/16　印张 9½　字数 229 千字　2023 年 7 月北京第 1 版第 6 次印刷

购书咨询：010-64518888　　售后服务：010-64518899
网　　址：http://www.cip.com.cn
凡购买本书，如有缺损质量问题，本社销售中心负责调换。

定　　价：**30.00 元**

前　言

从使用北京东方仿真软件技术有限公司化工单元实习软件以后，各院校一直致力于化工仿真操作课程的改革和实践，由最初的集中实训改为分散实训，由原有作为化工原理课程的实训环节改为独立的一门实训课程。

通过几年的教学实践，我们认为学生经过化工单元仿真学习应达到以下要求：

（1）能够完成各个仿真单元的开车、运行、停车操作及事故处理；

（2）能够识别和绘制各个仿真单元带控制点的工艺流程图；

（3）能够清楚各个仿真单元关键工艺指标，理解工艺流程中各个设备的作用、操作原理；

（4）能够理解各个仿真单元关键工艺指标影响因素，掌握各个控制回路的控制目的及控制过程。

要完成以上教学目标，必须以化工原理、化工仪表及自动化、化工制图等课程为先导，在仿真教学中加强理论讲解，注重根据过程原理来分析控制系统，本书正是基于此编写而成的。

本书中1主要是介绍化工自动化基础，了解单回路控制系统、各种复杂控制系统以及DCS系统；2为仿真操作用户手册及不同厂家的DCS操作方式介绍；3～8分别介绍了离心泵、换热器、加热炉、精馏塔、吸收解吸、压缩机（单级透平离心式压缩机以及二氧化碳压缩机）共七个典型的单元操作，每个单元都是按照操作原理（过程原理、流程及控制系统）、设备、正常操作指标、冷态开车步骤以及其他控制方式进行编写。关于每个单元的故障和停车本教材中未进行说明。

在该课程实施过程中，应先上1～2课时理论课，讲清楚原理、流程、设备作用，尤其是各个控制系统，并要求学生会识别和绘制带控制点的流程图，随后进行上机练习，练习过程中应再上1～2课时理论课分析操作过程的问题。上述教学过程在我校仿真教学中被证实是相当有效的。

本书由尹兆明、赵建章主编。参加编写的人员有新疆工业高等专科学校化学工程系的尹兆明（1、6）、李培（3）、杨智勇（4）、蔡香丽（5）、陈爽（7）、赵建章（8），北京东方仿真软件技术有限公司的杨杰（2），北京东方仿真软件技术有限公司的尉明春担任主审。

由于编者水平有限，本书不妥之处在所难免，在此恳请广大读者和同行不吝赐教，以期再版时得以改正。

编　者

2011年12月

前言

目 录

1 化工自动化基础 ………………………………… 1
1.1 化工过程概述 ………………………………… 1
1.1.1 化工过程 ………………………………… 1
1.1.2 化工过程特点 ………………………………… 2
1.2 化工控制基础 ………………………………… 3
1.2.1 液位控制 ………………………………… 3
1.2.2 自动控制系统表达 ………………………………… 5
1.2.3 化工控制流程图的表达 ………………………………… 6
1.3 复杂控制系统 ………………………………… 8
1.3.1 液位精确控制 ………………………………… 8
1.3.2 压力控制 ………………………………… 11
1.3.3 温度控制 ………………………………… 12
1.3.4 流量控制 ………………………………… 14
1.4 DCS 系统 ………………………………… 16
1.4.1 DDC 系统 ………………………………… 17
1.4.2 DCS 的产生过程 ………………………………… 20
1.4.3 DCS 发展历程 ………………………………… 21
1.4.4 DCS 的特点和优点 ………………………………… 23
1.4.5 DCS 的体系结构 ………………………………… 24
1.5 化工操作注意事项 ………………………………… 27
2 化工仿真技术及仿真操作软件 ………………………………… 30
2.1 认识化工仿真技术 ………………………………… 30
2.1.1 仿真技术 ………………………………… 30
2.1.2 仿真技术的应用 ………………………………… 30
2.1.3 仿真实训的一般方法 ………………………………… 31
2.1.4 化工仿真实训系统的组成 ………………………………… 32
2.2 学习化工单元实习仿真培训系统的使用方法 ………………………………… 32
2.2.1 仿真培训系统学员站的启动 ………………………………… 32
2.2.2 培训参数的选择 ………………………………… 33
2.2.3 认识教学系统画面及菜单功能 ………………………………… 34
2.2.4 认识操作质量评价系统 ………………………………… 38
2.2.5 仿真培训系统的正常退出 ………………………………… 41
2.3 不同厂家的 DCS 操作方式介绍 ………………………………… 41
2.3.1 通用 DCS2005 版 ………………………………… 41
2.3.2 TDC3000 系统 ………………………………… 43
2.3.3 通用 DCS2010 版 ………………………………… 43
2.4 认识专用操作键盘 ………………………………… 48
2.4.1 TDC3000 专用键盘 ………………………………… 48
2.4.2 CS3000 键盘 ………………………………… 50
2.4.3 I/A 专用键盘 ………………………………… 50
3 离心泵操作技术 ………………………………… 52
3.1 离心泵操作原理 ………………………………… 52
3.1.1 离心泵的结构与工作原理 ………………………………… 52
3.1.2 本实训单元的工艺流程 ………………………………… 53
3.1.3 离心泵操作注意事项 ………………………………… 54
3.1.4 离心泵的控制 ………………………………… 55
3.2 设备一览 ………………………………… 56
3.3 正常操作指标 ………………………………… 56
3.4 仿真界面 ………………………………… 56
3.5 开车步骤 ………………………………… 59
3.6 离心泵的其他控制方式 ………………………………… 60
3.6.1 旁路调节 ………………………………… 60
3.6.2 变频调节 ………………………………… 60
4 换热器操作技术 ………………………………… 62
4.1 换热器操作原理 ………………………………… 62
4.1.1 换热器操作任务 ………………………………… 62
4.1.2 换热器工作原理 ………………………………… 62
4.1.3 换热器结构 ………………………………… 64
4.1.4 本实训单元的工艺流程 ………………………………… 66
4.1.5 换热器操作注意事项 ………………………………… 67
4.1.6 换热器的控制 ………………………………… 67
4.2 设备一览 ………………………………… 68
4.3 正常操作指标 ………………………………… 68
4.4 仿真界面 ………………………………… 68
4.5 冷态开车步骤 ………………………………… 71
4.6 换热器的其他控制方式 ………………………………… 72
4.6.1 调节载热体的流量 ………………………………… 72
4.6.2 调节传热平均温差 ………………………………… 73
4.6.3 调节换热面积 ………………………………… 73
5 管式加热炉操作技术 ………………………………… 75
5.1 管式加热炉操作原理 ………………………………… 75
5.1.1 管式加热炉操作任务 ………………………………… 75
5.1.2 加热炉结构 ………………………………… 75
5.1.3 管式加热炉燃料燃烧过程与加热原理 ………………………………… 76

5.1.4 本实训单元的工艺流程………… 77
5.1.5 管式加热炉操作注意事项………… 79
5.1.6 管式加热炉的控制………… 80
5.2 设备一览………… 81
5.3 正常操作指标………… 82
5.4 本单元仪表一览表………… 82
5.5 仿真界面………… 82
5.6 冷态开车………… 85
5.7 管式加热炉的控制与联锁系统………… 87
5.7.1 串级控制系统………… 87
5.7.2 安全联锁系统………… 89
6 精馏装置操作技术………… 90
6.1 精馏操作原理………… 90
6.1.1 精馏操作任务………… 90
6.1.2 精馏工作原理………… 90
6.1.3 精馏塔结构………… 91
6.1.4 本实训单元的工艺流程………… 92
6.1.5 精馏操作注意事项………… 93
6.1.6 精馏塔的控制………… 95
6.2 设备一览………… 97
6.3 正常操作指标………… 98
6.4 本单元仪表一览表………… 98
6.5 仿真界面………… 98
6.6 冷态开车………… 101
6.7 精馏塔的控制方式………… 103
6.7.1 物料平衡控制方案………… 103
6.7.2 能量平衡控制方案………… 103
7 吸收解吸装置操作技术………… 106
7.1 吸收解吸装置操作原理………… 106
7.1.1 吸收装置操作任务………… 106
7.1.2 吸收解吸装置工作原理………… 106
7.1.3 填料塔结构………… 107
7.1.4 本实训单元的工艺流程………… 108
7.1.5 吸收解吸装置的控制………… 108
7.2 设备一览………… 110
7.3 正常操作指标………… 111
7.4 本单元仪表一览表………… 111
7.5 仿真界面………… 111
7.6 冷态开车………… 114
8 离心式压缩机操作技术………… 117
8.1 离心式压缩机操作原理………… 117
8.1.1 离心式压缩机操作任务………… 117
8.1.2 离心式压缩机结构与工作原理………… 117
8.1.3 离心式压缩机保护系统及附属系统………… 119
8.1.4 离心式压缩机的控制………… 120
8.1.5 离心式压缩机喘振及防止措施………… 121
8.2 汽轮机………… 124
8.2.1 工作原理………… 124
8.2.2 分类………… 125
8.2.3 系统组成………… 125
8.3 单级透平离心式压缩机………… 126
8.3.1 本实训单元的工艺流程………… 126
8.3.2 压缩机的控制………… 128
8.3.3 设备一览………… 128
8.3.4 正常操作指标………… 128
8.3.5 本单元仪表一览表………… 128
8.3.6 仿真界面………… 128
8.3.7 开车步骤………… 131
8.4 二氧化碳压缩机………… 132
8.4.1 本实训单元的工艺流程………… 132
8.4.2 压缩机的控制………… 134
8.4.3 设备一览………… 135
8.4.4 正常操作指标………… 135
8.4.5 工艺报警及联锁触发值………… 136
8.4.6 仿真界面………… 137
8.4.7 开车步骤………… 139
参考文献………… 143

1 化工自动化基础

1.1 化工过程概述

1.1.1 化工过程

任何化工产品的生产都是通过一定的工艺过程实现的。工艺过程是指从原料到制得产品的全过程。

一般化学加工过程包括三个组成部分，如图 1-1 所示。

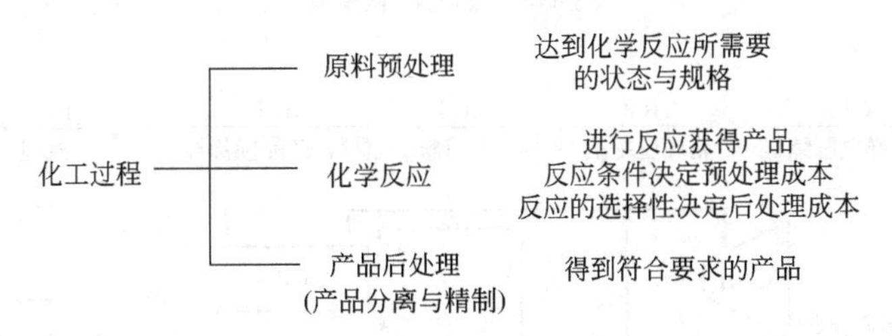

图 1-1 典型的化学加工过程

原料预处理和产品后处理两部分属于单元操作的研究范围；而化学反应部分是化学反应工程的研究对象，是生产过程的核心。

例如合成气（$CO+H_2$）制甲醇生产过程，该过程原料是 $CO+H_2$，产品是符合国家标准的甲醇产品，$CO+H_2$ 采用铜基催化剂，在 240～270℃、5.0～6.0MPa 条件下进行反应生成甲醇。在反应前必须把 $CO+H_2$ 的杂质除去，同时调整其比例，并在进入反应前对其预热、加压以满足化学反应所需要的状态和规格；在反应后首先将未反应的合成气与产物分离，未反应的合成气循环回去继续反应，而产物则根据其组成选择合适的分离方法——精馏，最终获得合格产品。可以用图 1-2 表示。

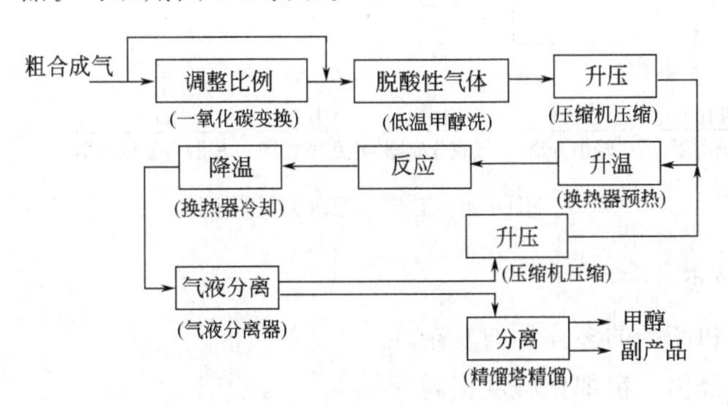

图 1-2 甲醇合成原理图

由图 1-2 可以看出，原料经化学加工制取产品的过程，是由各个功能单元组合而成的。工艺流程就是按物料加工的先后顺序将这些单元表达出来。如果以方框来表达各单元，则称为流程框图，如图 1-3 所示；每个功能单元都有相应单元设备实现，如果以设备外形或简图表达的流程图则称为工艺（原理）流程图，如图 1-4 所示。

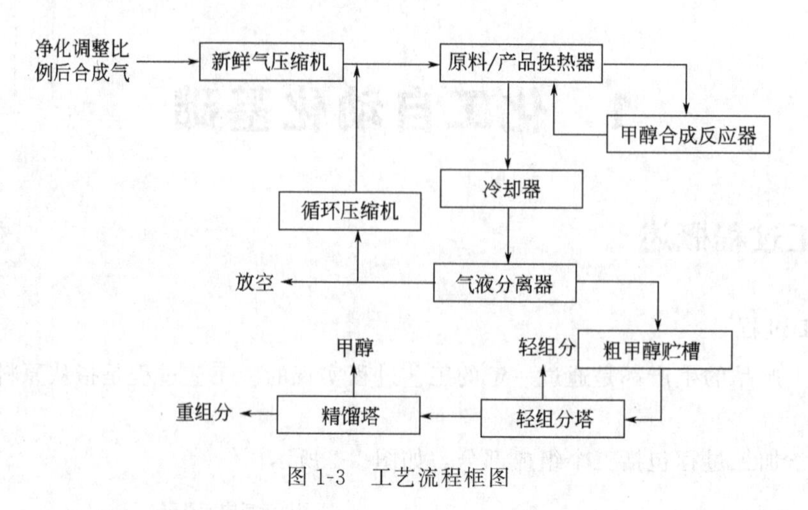

图 1-3　工艺流程框图

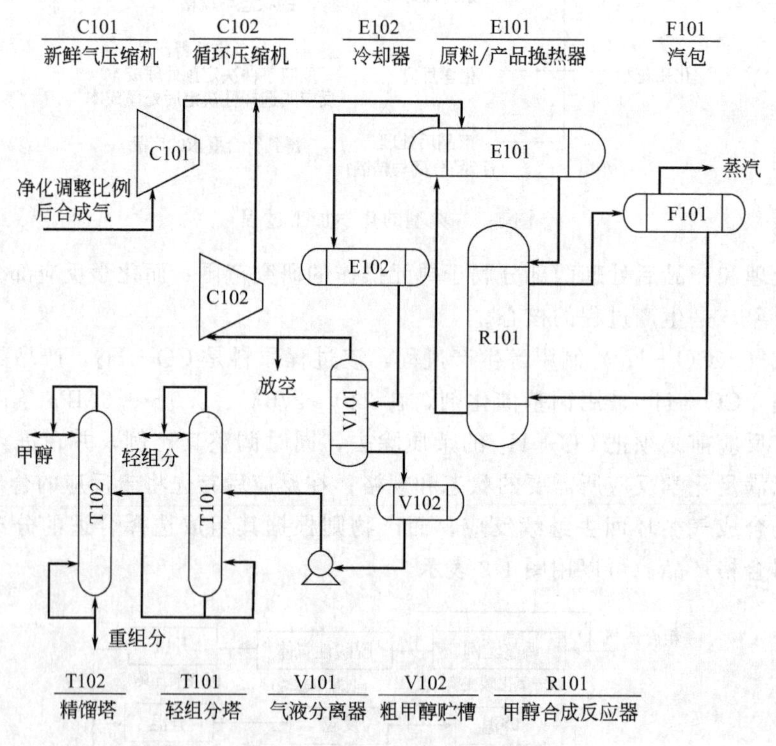

图 1-4　工艺（原理）流程图

1.1.2　化工过程特点

① 原料、方法和产品的多样性与复杂性。

② 大型化、综合化、精细化程度提高。

③ 多学科、生产技术密集型。

④ 能量合理利用、节能工艺和方法。

⑤ 资金密集，投资回收速度快，利润高。

⑥ 安全和环境保护。

⑦ 高新技术，开发周期短。

⑧ 原料利用率极大提高。

⑨ 大力发展绿色化工。

⑩ 化工过程高效、节能、智能化。

⑪ 实施废弃物再生利用工程。

1.2 化工控制基础

1.2.1 液位控制

有如图 1-5 所示的一个液体贮槽，有物料连续不断地流入槽中，而槽中的液体又连续不断地流出。

1.2.1.1 问题提出

当流入量 q_{mi} 与流出量 q_{mo} 不等时，槽内的液位不会恒定不变，严重时会溢出或抽空。

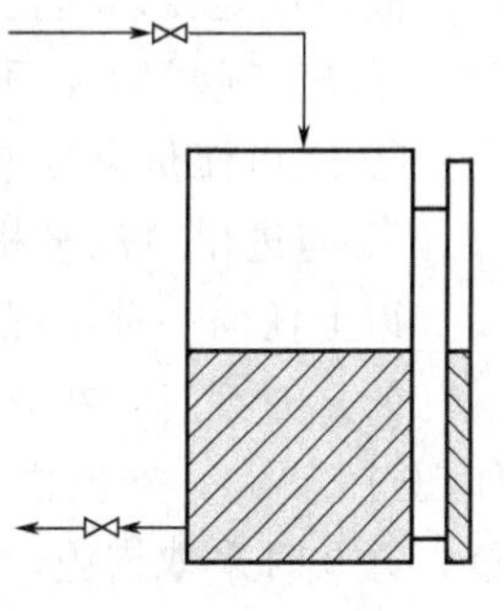

图 1-5 液位控制

1.2.1.2 问题分析

液位波动的原因是流入量 q_{mi} 与流出量 q_{mo} 不等，同时液位的变化大小和方向也反映出流入量 q_{mi} 与流出量 q_{mo} 不等和差别程度。

1.2.1.3 问题解决

（1）方案一　以贮槽液位为操作指标，操作工以改变出口阀门开度来实现贮槽液位稳定。当液位上升时，将出口阀门开大，液位上升越多，阀门开得越大；反之，当液位下降时，则关小出口阀门，液位下降越多，阀门关得越小。为了使液位上升和下降都有足够的余地，选择玻璃管液位计指示值中间的某一点为正常工作时的液位高度，通过改变出口阀门开度而使液位保持在这一高度。这样就不会出现贮槽中液位过高而溢至槽外，或使贮槽内液体抽空而发生事故的现象。

方案分析：操作人员所进行的工作如下。

① 用眼睛观察玻璃管液位计中液位的高低，并通过神经系统告诉大脑。

② 大脑根据眼睛看到的液位高度，加以思考并与要求的液位值进行比较，得出偏差的大小和正负，然后根据操作经验，经思考、决策后发出命令。

③ 根据大脑发出的命令，通过手去改变阀门开度，以改变出口流量 q_{mo}，从而使液位保持在所需高度上。

④ 反复执行上述操作，直到液位控制到所希望的数值上。

上述操作通过眼、脑、手三个器官，分别起到了检测、运算和执行三个作用，以此来完成测量、求偏差、操纵阀门以纠正偏差的全过程。由于人工控制受到人的生理上的限制，因此在控制速度和精度上都满足不了大型现代化生产的需要。为了提高控制精度和减轻劳动强度，可用一套自动化装置来代替上述人工操作，这样就由人工控制变为自动控制。

（2）方案二　设计一个自动化装置包含以下三个部分。

① 测量元件与变送器——替代人眼。它的功能是测量液位并将液位的高低转化为一种特定的、统一的输出信号（如气压信号或电压、电流信号等）。

② 自动控制器——替代人脑。它接受变送器送来的信号，与工艺需要保持的液位高度

相比较得出偏差，并按某种运算规律算出结果，然后将此结果用特定信号（气压或电流）发送出去。

③ 执行器——替代人手。通常指控制阀，它与普通阀门的功能一样，只不过它能自动地根据控制器送来的信号值来改变阀门的开度。

这样液体贮槽和自动化装置一起构成了一个自动控制系统。

方案分析：测量元件与变送器、执行器以及自动控制器的运算规律与人的眼、手、脑三个器官相比，控制速度和精度都大幅度提高，但是人脑具有具体问题具体分析的能力，能对出现的新情况进行逻辑分析，从而采用非正常的操作。

液位控制异常情况分析如下。

当液位与工艺需要保持的液位高度有偏差时，如果流入量 q_{mi} 与流出量 q_{mo} 相差不大，很短的时间液位就能恢复到正常值；或者贮槽的贮液能力很大，有足够的时间去控制出口流量，液位也能恢复到正常值。但出现以下情况：

① 出口阀门卡，不能实现控制作用；

② 进口流量突然增大很多，或者突然降低很多，甚至流量为零；

③ 与进出口流量相比，贮槽容积很小。

以上任何一种情况都会使液位不断增加或降低，直至溢槽或者抽空而出现事故。

(3) 方案三　在方案二的基础上，增加自动信号联锁装置。当液位超过了允许范围（譬如超过85%），在溢槽即将产生以前，信号系统就自动地发出声光信号，告诫操作人员注意，并及时采取措施，取消自动控制，实施手动操作。如工况已到达危险状态时，联锁系统立即自动采取紧急措施，全开进口阀或切断进口阀，以防止事故的发生和扩大。

这样，该液位控制问题就得到了解决。通过该问题的解决，可以看出为了实现化工过程自动化，一般要包括自动检测、自动保护和自动控制等方面的内容。

化工控制的主要内容如下。

① 自动检测系统。利用各种检测仪表对主要工艺参数进行测量、指示或记录的自动系统，称为自动检测系统。它代替了操作人员对工艺参数的不断观察与记录，因此起到人的眼睛的作用。

② 自动信号和联锁保护系统。在生产过程中，有时由于一些偶然因素的影响，导致工艺参数超出允许的变化范围而出现不正常情况时，就有引起事故的可能。为此，常对某些关键性参数设有自动信号联锁装置。当工艺参数超过了允许范围，在事故即将发生以前，信号系统就自动地发出声光信号，告诫操作人员注意，并及时采取措施。如工况已到达危险状态时，联锁系统立即自动采取紧急措施，打开安全阀或切断某些通路，必要时紧急停车，以防止事故的发生和扩大。它是生产过程中的一种安全装置。例如某反应器的反应温度超过了允许极限值，自动信号系统就会发出声光信号，报警给工艺操作人员以便及时处理生产事故。由于生产过程的强化，往往靠操作人员处理事故已成为不可能，因为在一个强化的生产过程中，事故常常会在几秒钟内发生，由操作人员直接处理是根本来不及的。自动联锁保护系统可以圆满地解决这类问题，如当反应器的温度或压力进入危险限时，联锁系统可立即采取应急措施，加大冷却剂量或关闭进料阀门，减缓或停止反应，从而可避免引起爆炸等生产事故。

③ 自动控制系统。生产过程中各种工艺条件不可能是一成不变的。特别是化工生产，大多数是连续性生产，各设备相互关联着，当其中某一设备的工艺条件发生变化时，都可能引起其他设备中某些参数或多或少地波动，偏离了正常的工艺条件。为此，就需要用一些自

动控制装置，对生产中某些关键性参数进行自动控制，使它们在受到外界干扰（扰动）而偏离正常状态时，能自动地控制而回到规定的数值范围内，为此目的而设置的系统就是自动控制系统。

由以上所述可以看出，自动检测系统只能完成“了解”生产过程进行情况这一任务；信号联锁保护系统只能在工艺条件进入某种极限状态时，采取安全措施，以避免生产事故的发生；只有自动控制系统才能自动地排除各种干扰因素对工艺参数的影响，使它们始终保持在预先规定的数值上，保证生产维持在正常或最佳的工艺操作状态。

除以上三方面内容，对于一些特殊的化工过程，可以设置自动操纵系统，即根据预先规定的步骤自动地对生产设备进行某种周期性操作。例如合成氨造气车间的煤气发生炉，要求按照吹风、上吹、下吹制气、吹净等步骤周期性地接通空气和水蒸气，利用自动操纵机来代替人工自动地按照一定的时间程序扳动空气和水蒸气阀门，使它们交替地接通煤气发生炉，从而极大地减轻了操作工人的重复性体力劳动。

1.2.2 自动控制系统表达

1.2.2.1 问题提出

由上述可知，自动化装置包含测量变送、控制器、执行器三个部分，这三部分和被控对象构成自动控制系统，那么这四个部分关系如何呢？

1.2.2.2 问题分析

系统的每个部分可以称为“环节”，各个环节用方块表示，两个方块之间用一条带有箭头的线条表示其信号的相互关系，箭头指向方块表示为这个环节的输入，箭头离开方块表示为这个环节的输出。线旁的字母表示相互之间的作用信号。

1.2.2.3 问题解决

按以上所述，画成图形如图 1-6 所示。

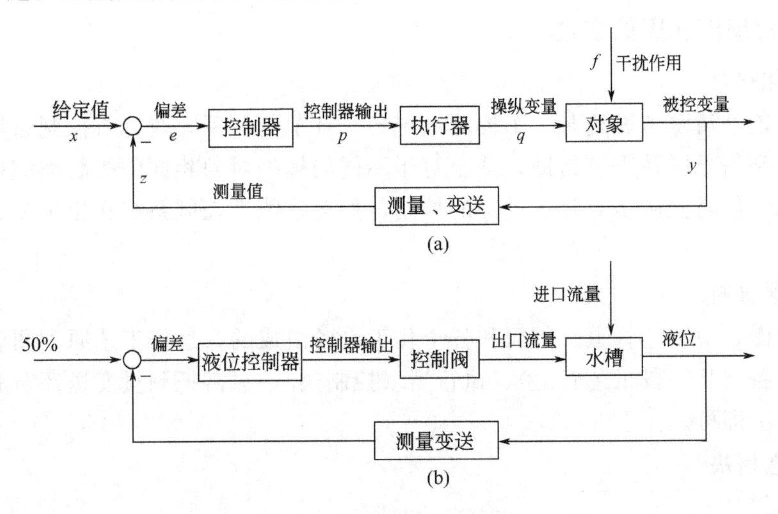

图 1-6 控制系统方框图

方案分析：用图 1-5 的液位控制分析图 1-6。

图 1-5 的贮槽在图 1-6 中用一个“对象”方块来表示，其液位就是生产过程中所要保持恒定的变量，在自动控制系统中称为被控变量，用 y 来表示。在方块图中，被控变量 y 就是对象的输出。影响被控变量 y 的因素来自进料流量的改变，这种引起被控变量波动的外

来因素，在自动控制系统中称为干扰作用（扰动作用），用 f 表示。干扰作用是作用于对象的输入信号。与此同时，出料流量的改变是由于控制阀动作所致，如果用一方块表示控制阀，那么，出料流量即为“控制阀”方块的输出信号。出料流量的变化也是影响液位变化的因素，所以也是作用对象的输入信号。出料流量信号 q 在方块图中把控制阀和对象连接在一起。

贮槽液位信号是测量元件及变送器的输入信号，而变送器的输出信号 z 进入比较机构，与工艺上希望保持的被控变量数值，即给定值（设定值）x 进行比较，得出偏差信号 e（$e=x-z$），并送往控制器。比较机构实际上只是控制器的一个组成部分，不是一个独立的仪表，在图 1-6 中把它单独画出来（一般方块图中是以○或⊕表示），为的是能更清楚地说明其比较作用。控制器根据偏差信号的大小，按一定的规律运算后，发出信号 p 送至控制阀，使控制阀的开度发生变化，从而改变出料流量以克服干扰对被控变量（液位）的影响。控制阀的开度变化起着控制作用。具体实现控制作用的变量叫做操纵变量，如图 1-6（b）中流过控制阀的出料流量就是操纵变量。用来实现控制作用的物料一般称为操纵介质或操纵剂，如上述中的流过控制阀的流体就是操纵介质。

其实控制系统方块图表达了一个输入输出关系的图，具体见表 1-1。

表 1-1 输入输出关系表

环节	输入	输出	备 注
被控对象	干扰 f 操作变量 q	被控变量 y	
测量变送	被控变量 y	测量值 z	
控制器	偏差 $e=x-z$	控制器输出 p	比较机构实际上是控制器的一部分，这样控制器的输入便是测量值 z
执行器	控制器输出 p	操作变量 q	

1.2.3 化工控制流程图的表达

1.2.3.1 问题提出

用方块图能够清楚地表达某一个控制系统各个环节的关系，对分析控制系统各个环节之间的相互影响和信号联系很有帮助，甚至对于不同的被控对象相同的控制类型可用相同形式的方块图表示，但是控制是对化工过程的控制，如何才能把控制系统在化工流程图上表示出来呢?

1.2.3.2 问题分析

工艺原理图是由工艺管道、阀门和各个化工设备组成的，这样工艺原理图就具有了被控对象（化工设备、某一段工艺管道）、执行器（控制阀），只需把测量变送环节和控制器表达在工艺原理图上即可。

1.2.3.3 问题解决

（1）图形符号

① 测量点（包括检出元件、取样点）。是由工艺设备轮廓线或工艺管线引到仪表圆圈的连接线的起点，一般无特定的图形。

必要时，检测元件也可以用象形或图形符号表示。

② 连接线。通用的仪表信号线均以细实线表示。必要时也可用加箭头的方式表示信号的方向。在需要时，信号线也可按气信号、电信号、导压毛细管等采用不同的表示方式以示

区别。

③ 仪表（包括检测、显示、控制）的图形符号。仪表的图形符号是一个细实线圆圈，直径约 10mm，对于不同的仪表安装位置的图形符号如表 1-2 所示。

表 1-2　仪表安装位置的图形符号

序号	图形	说明	序号	图形	说明
1		就地安装	3		机旁柜仪表
2		中控室集散系统			

对于处理两个或两个以上被测变量，具有相同或不同功能的复式仪表时，可用两个相切的圆或分别用细实线圆与细虚线圆相切表示（测量点在图纸上距离较远或不在同一图纸上）。

（2）字母代号　在控制流程图中，用来表示仪表的小圆圈的上半圆内，一般写有两位（或两位以上）字母，第一位字母表示被测变量，后继字母表示仪表的功能，常用被测变量和仪表功能的字母代号见表 1-3。

表 1-3　测量控制参数及测量控制功能

名称	参数	功能	其他	名称	参数	功能	其他
A	分析			I		指示	
C		控制		L	液位		
D		差值		N	轴位移		
E		检测元件		M	湿度		
ESC			程序控制	P	压力		
F	流量			Q		累计	
GO		阀位开		R		记录	
GC		阀位关		S	转速	联锁	
H			高值	T	温度	变送	
HC		遥控					

（3）仪表位号　在检测、控制系统中，构成一个回路的每个仪表（或元件）都应有自己的仪表位号。仪表位号是由字母代号组合和阿拉伯数字编号两部分组成。字母代号的意义前面已经解释过。三位数字编号写在圆圈的下半部，其第一位数字表示工段号，后续数字（二位或三位数表示仪表序号）。

综上所述，可以把液位控制表达为图 1-7。

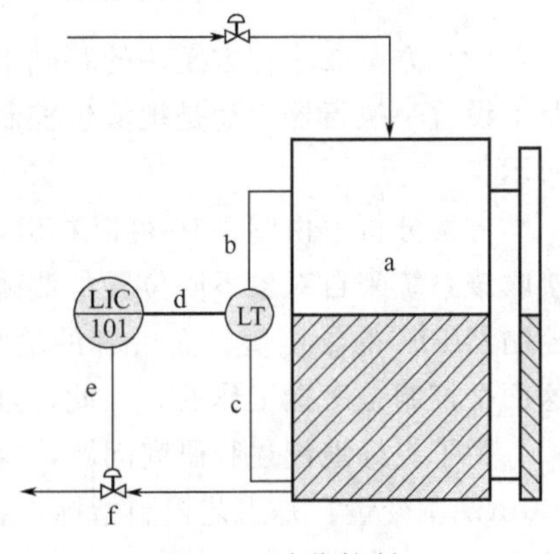

图 1-7　液位控制

1.2.3.4　方案分析

在本控制系统中，被控对象为贮槽 a，被控变量 y 为贮槽液位 L，L 通过差压变送器 LT（b、c 为引压管）测得并将其通过 d 送至控制器 LIC 101；LIC 101 具有指示、控制功能，是 100 号工段第一个液位仪表，控制器把测量值与给定值（给定值在实际中含在控制器中）进行比较并经过计算通过 e 送至执行器 f；执行器根据控制器的信号进行动作，并作用于被控对象贮槽 a。其中，干扰是通过工艺分析得出的，本系统的干扰主要来源于进出口流量。

1.3 复杂控制系统

1.3.1 液位精确控制

对于如图 1-7 所示的液位控制系统，通过改变出口流量来实现液位的稳定。

1.3.1.1 问题提出

当工艺过程中，对于液位的主要扰动是出口流量时，那么液位很难保持稳定，对于对液位要求严格的工艺来说，就不能满足要求了。

1.3.1.2 问题分析

液位稳定取决于流入量 q_{mi} 与流出量 q_{mo} 的关系，当流入量一定的情况下，只要保持流出量不变即可。所以可以对出口管路设置流量控制系统也能保持液位的稳定。

1.3.1.3 问题解决

(1) 方案一　通过分析设置如图 1-8 所示的流量控制系统。

方案分析：该控制系统中能较好的克服出口流量波动对液位的干扰，而且在出口流量尚未影响到液位时就给予控制，具有超前控制的特点。但是它不能克服来自于进口流量的干扰，当进口流量波动以后，系统不再处于平衡状态，就会出现溢槽或抽干现象。

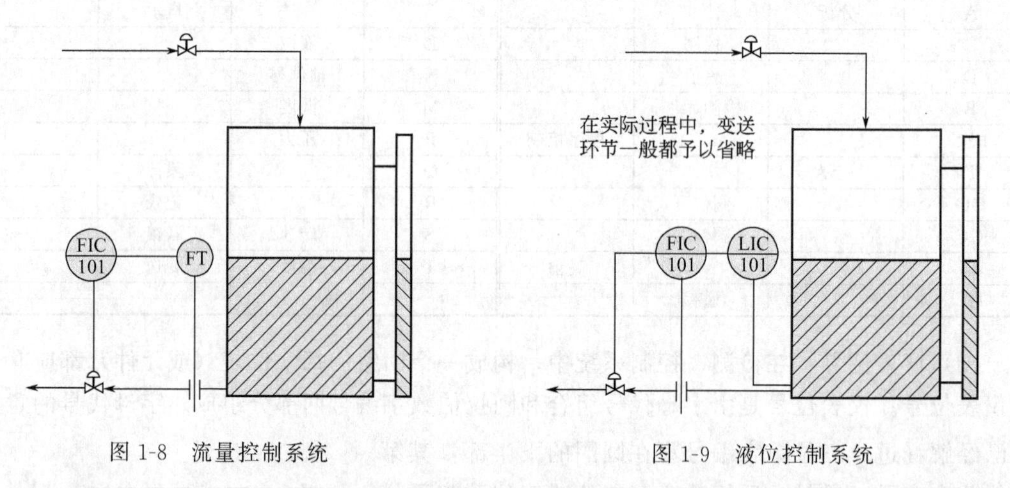

图 1-8　流量控制系统　　图 1-9　液位控制系统

(2) 方案二　在方案一的基础上再设置一液位控制系统，但此控制系统不能再在出口管路上设置一执行器，而是把液位控制的输出作为流量控制的给定值，具体如图 1-9、图 1-10 所示。

方案分析：由图 1-10 可以看出，在这个控制系统中，有两个控制器 LIC 和 FIC，分别接收该系统来自对象不同位置的测量信号 L 和 F。其中一个控制器 LIC 的输出作为另一个控制器 FIC 的给定值，而后者的输出去控制执行器以改变操纵变量。从系统的结构来看，这两个控制是串接工作的，因此，这样的系统称为串级控制系统。

为了更好地阐述和研究问题，这里介绍几个串级控制系统中常用的名词。

① 主变量：是工艺控制指标，在串级控制系统中起主导作用的被控变量，如上例中的贮槽液位。

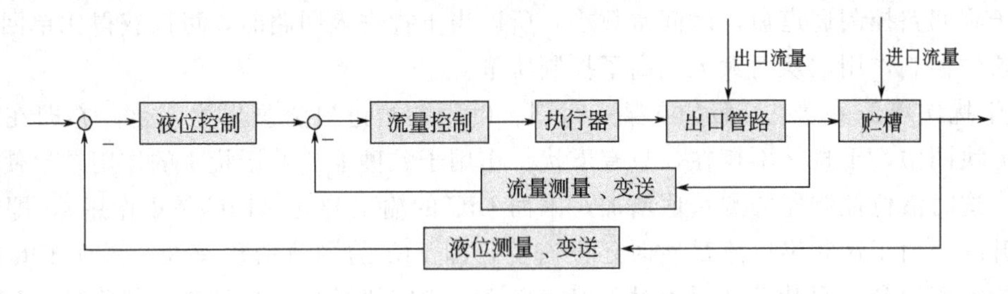

图 1-10 液位控制方框图

② 副变量：串级控制系统中为了稳定主变量或因某种需要而引入的辅助变量，如上例中出口流量。

③ 主对象：为主变量表征其特性的生产设备，如上例中贮槽。

④ 副对象：为副变量表征其特性的工艺生产设备，如上例中贮槽出口至流量检测点间管道。

⑤ 主控制器：按主变量的测量值与给定值而工作，其输出作为副变量给定值的那个控制器，称为主控制器（又名主导控制器），如上例中的液位控制器 LIC。

⑥ 副控制器：其给定值来自主控制器的输出，并按副变量的测量值与给定值的偏差而工作的那个控制器称为副控制器（又名随动控制器），如上例中的流量控制器 FIC。

⑦ 主回路：是由主变量的测量变送装置，主、副控制器，执行器和主、副对象构成的外回路，亦称外环或主环。

⑧ 副回路：是由副变量的测量变送装置，副控制器执行器和副对象所构成的内回路，亦称内环或副环。

根据前面所介绍的专用名词，各种具体对象的串级控制系统都可以画成典型形式的方块图，如图 1-11 所示。

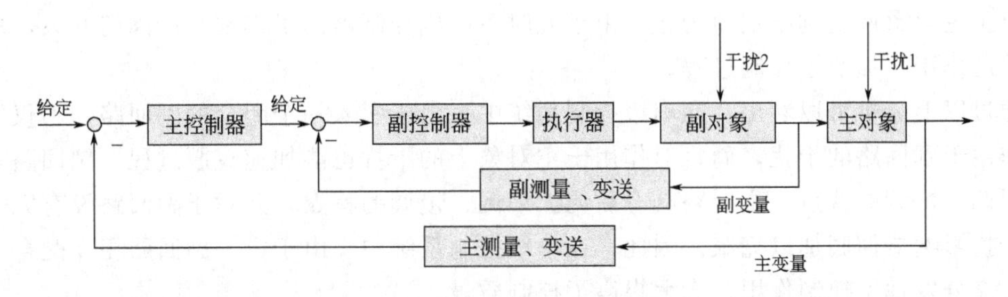

图 1-11 串级控制方框图

(3) 串级控制系统的工作过程

① 干扰进入副回路。当系统的干扰只是出口流量波动时，亦即在如图 1-11 所示的方块图中，干扰 1 不存在，只有干扰 2 作用在出口管路（副对象）上，这时干扰进入副回路。若采用简单控制系统（见图 1-7），干扰 2 先引起贮槽出口管路的流量变化。出口管路的流量变化一定时间后才能引起贮槽液位的变化。只有当液位变化以后，控制作用才能开始，因此控制迟缓、滞后大。设置了副回路后，干扰 2 引起出口流量变化，流量控制器 FIC 及时进行控制，使其很快稳定下来，如果干扰量小，经过副回路控制后，此干扰一般影响不到贮槽的液位。在大幅度的干扰下，其大部分影响为副回路所克服，波及到贮槽液位已是强弩之末了，再由主回路进一步控制，彻底消除干扰的影响，使被控变量回复到给定值。

由于副回路控制通道短，时间常数小，所以当干扰进入回路时，可以获得比单回路控制系统超前的控制作用，从而大大提高了控制质量。

② 干扰作用于主对象。假如在某一时刻，由于贮槽进口流量发生变化，亦即在图 1-11 所示的方块图中，干扰 2 不存在，只有干扰 1 作用于贮槽上。若干扰 1 的作用结果使贮槽液位升高。这时液位控制器的测量值增加，因而 LIC 的输出升高（LIC 是正作用），即 FIC 的结定值升高。由于这时出口流量暂时还没有变，即 FIC 的测量值没有变，因而 FIC 的输出将随着给定值的升高而升高（因为对于偏差来说，给定值增加相当于测量值降低，FIC 是正作用的，故输出增加）。随着 FIC 的输出增加，阀门开度也随之增大，于是出口流量增加，促使贮槽液位降低直至恢复到给定值。在整个控制过程中，流量控制器 FIC 的给定值不断变化。

③ 干扰同时作用于副回路和主对象。如果除了进入副回路的干扰外，还有其他干扰作用在主对象上。亦即在图 1-11 所示的方块图中，干扰 1、干扰 2 同时存在，分别作用在主、副对象上。这时可以根据干扰作用下主、副变量变化的方向，分下列两种情况进行讨论。

一种是在干扰作用下，主、副变量的变化方向相同，即同时增加或同时减小。例如贮槽液位与出口流量同时增加。这时主控制器的输出由于液位升高而增加。副控制器由于测量值增加，给定值（LIC 输出）增加，如果两者增加量恰好相等，则偏差为零，这时副控制器输出不变，阀门不需动作；如果两者增加量虽不相等，由于能互相抵消掉一部分，因而偏差也不大，只要控制阀稍稍动作一点，即可使系统达到稳定。

另一种情况是主、副变量的变化方向相反，一个增加，另一个减小。譬如在上例中，假定液位升高，而出口流量变小。这时主控制器的测量值升高，则其输出增大，这就使副控制器的给定值也随之增大，而这时副控制器的测量值在变小，这时给定值和出口流量之间的差值更大，所以副控制器的输出也就大大增加，以使控制阀开得更大些，大大增加了出口流量，直至主变量恢复到给定值为止。由于此时主、副控制器的工作都是使阀门开大，所以加强了控制作用，加快了控制过程。

通过以上分析可以看出，在串级控制系统中，由于引入一个闭合的副回路，不仅能迅速克服作用于副回路的干扰，而且对作用于主对象上的干扰也能加速克服过程。副回路具有先调、粗调、快调的特点；主回路具有后调、细调、慢调的特点，并对于副回路没有完全克服掉的干扰影响能彻底加以克服。因此，在串级控制系统中，由于主、副回路相互配合、相互补充，充分发挥了控制作用，大大提高了控制质量。

（4）串级控制系统的特点　由上所述，可以看出串级控制系统有以下几个特点。

① 在系统结构上，串级控制系统有两个闭合回路：主回路和副回路；有两个控制器：主控制器和副控制器；有两个测量变送器：分别测量主变量和副变量。

串级控制系统中，主、副控制器是串联工作的。主控制器的输出作为副控制器的给定，系统通过副控制器的输出去操纵执行器动作，实现对主变量的定值控制。所以在串级控系统中，主回路是个定值控制系统，而副回路是个随动控制系统。

② 在串级控制系统中，有两个变量：主变量和副变量。

一般来说，主变量是反映产品质量或生产过程运行情况的主要工艺变量。控制系统设置的目的就在于稳定这一变量，使它等于工艺规定的给定值。

③ 在系统特性上，串级控制系统由于副回路的引入，改善了对象的特性，使控制过程

快，具有超前控制的作用，从而有效地克服滞后，提高了控制质量。

④ 串级控制系统由于增加了副回路，因此具有一定的自适应能力，可用于负荷和操作件有较大变化的场合。

由于串级控制系统具有上述特点，所以当对象的滞后和时间常数很大时，干扰作用强而频繁，负荷变化大，简单控制系统满足不了控制质量的要求时，采用串级控制系统是适宜的。

1.3.2　压力控制

对于如图 1-12 所示的容器，工艺要求其压力稳定在某一数值上（高于大气压），同时该容器有进料，有出料。

1.3.2.1　问题提出

在容器的液位不变的情况下，向容器充一定量惰性气体可以保持较高的压力。如果在向容器充液体物料时，容器内液面上空间越来越少，而惰性气体量没有变，那压力势必增加；或者对容器进行排料，容器内液面上空间越来越多，而惰性气体量没有变，那压力势必减少，这样压力就无法稳定。

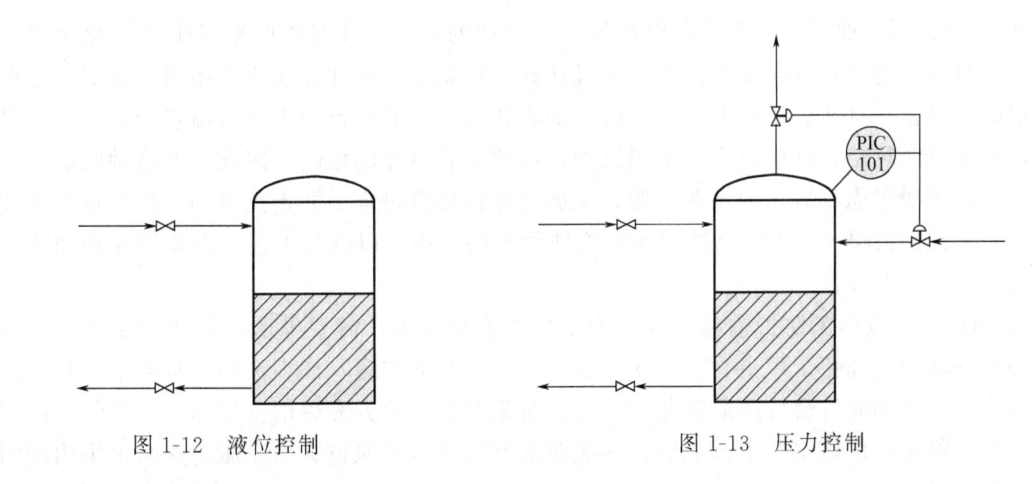

图 1-12　液位控制　　图 1-13　压力控制

1.3.2.2　问题分析

压力稳定取决于容器内气体的量和气体的空间大小，当气体空间变化时，气体的量也要随之变化，否则压力就要波动。对于常压容器来说，可以通过放散管来实现容器内气体的进入和排出。对于加压容器不能这样做，但可以设置两根管路——进气管和出气管。

1.3.2.3　问题解决

根据分析可以设置如图 1-13、图 1-14 所示的控制系统。

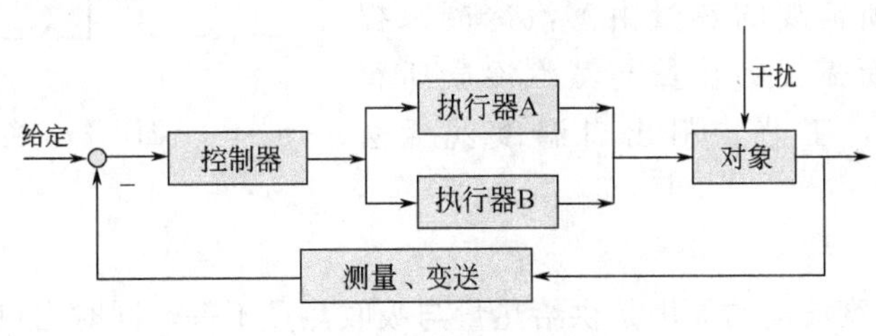

图 1-14　串级控制方框图

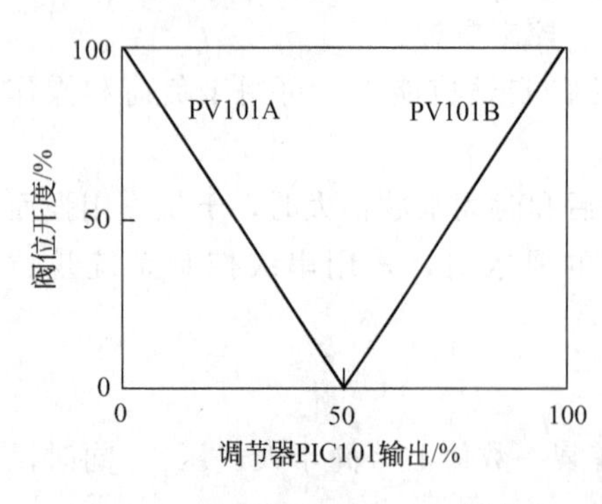

图 1-15　分程控制中 A、B 特性图

(1) 方案分析　由图 1-14 可以看出，这种控制系统中，一台控制器的输出可以同时控制两台甚至两台以上的控制阀。在这里，控制器的输出信号被分割成若干个信号范围段，由每一段信号去控制一台控制阀。由于是分段控制，故取名为分程控制系统。

在该压力控制系统中，可以在压力高于给定值时，开启 B 阀，低于给定值时，开启 A 阀，如图 1-15 所示。

(2) 分程控制的应用场合

① 用于扩大控制阀的可调范围，改善控制品质。有时生产过程要求有较大范围的流量变化，但是控制阀的可调范围是有限制的（国产统一设计柱塞控制阀可调范围 $R=30$）。若采用一个控制阀，能够控制的最大流量和最小流量相差不可能太悬殊，满足不了生产上流量大范围变化的要求，这时可考虑采用两个控制阀并联的分程控制方案。

② 用于控制两种不同的介质，以满足工艺生产的要求。在某些间歇式生产的化学反应过程中，当反应物料投入设备后，为了使其达到反应温度，往往在反应开始前，需要给它提供一定的热量。一旦达到反应温度后，就会随着化学反应的进行而不断放出热量，这些放出的热量如不及时移走，反应就会越来越剧烈，以致会有爆炸的危险。因此，对这种间歇式化学反应器，既要考虑反应前的预热问题，又需要考虑反应过程中移走热量的问题。这时可利用 A、B 两台控制阀，分别控制冷水与蒸汽两种不同介质，以满足工艺上需要冷却和加热的不同需要。

③ 用作生产安全的防护措施。有时为了生产安全起见，需要采取不同的控制手段，例如在各类炼油或石油化工厂中，有许多存放着各种油品的贮罐，许多油品不宜与空气长期接触，因为空气中的氧气会使油品氧化。为此，常常在贮罐上方充以惰性气体——氮气，以使油品与空气隔绝，保证空气不进贮罐，一般要求氮气压力应保持为微正压。这时可采用如图 1-13 的压力控制。

1.3.3　温度控制

对于如图 1-16 所示的换热器，工艺要求物料出口温度稳定在某一数值上，该工艺物料采用蒸汽加热。

1.3.3.1　问题提出

工艺物料通过换热器后，由进口温度升高到工艺要求的温度，所需要的热量由蒸汽冷凝来提供。如果物料升温所需要的热量与蒸汽冷凝所释放的热量不一致时，工艺物料出口温度就无法稳定。

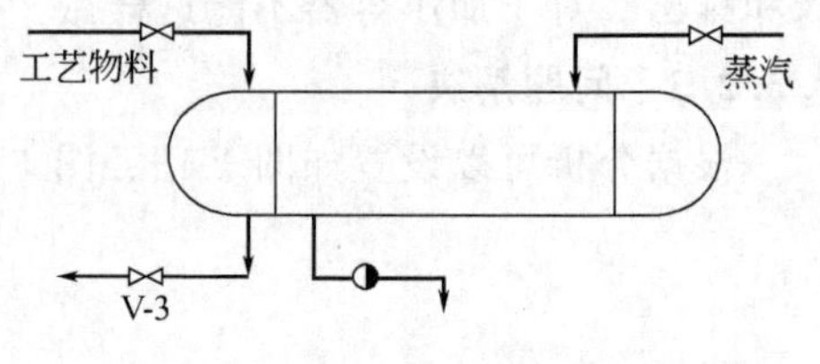

图 1-16　换热器流程

1.3.3.2　问题分析

工艺物料出口温度波动的原因是供给热量与吸收热量不等，同时出口温度的变化大小和方向也反映出供给热量与吸收热量不等和差别程度。

1.3.3.3 问题解决

(1) 方案一 根据分析可以设置如图 1-17 所示的控制系统。

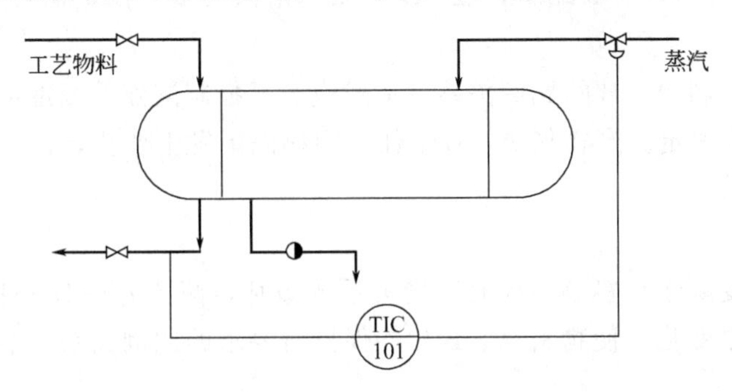

图 1-17 换热器出口温度控制方案一

方案分析：如在图 1-17 所示的换热器出口温度的反馈控制中，所有影响被控变量的因素，如进料流量、温度的变化、蒸汽压力的变化等，它们对出口物料温度的影响都可以通过反馈控制来克服。但是，在这样的系统中，控制信号总是要在干扰已经造成影响，被控变量偏离给定值以后才能产生，控制作用总是不及时的。特别是在干扰频繁，对象有较大滞后时，使控制质量的提高受到很大的限制。

(2) 方案二 如果已知影响换热器出口物料温度变化的主要干扰是进口物料流量的变化，这样可以设置如图 1-18 所示的控制系统。

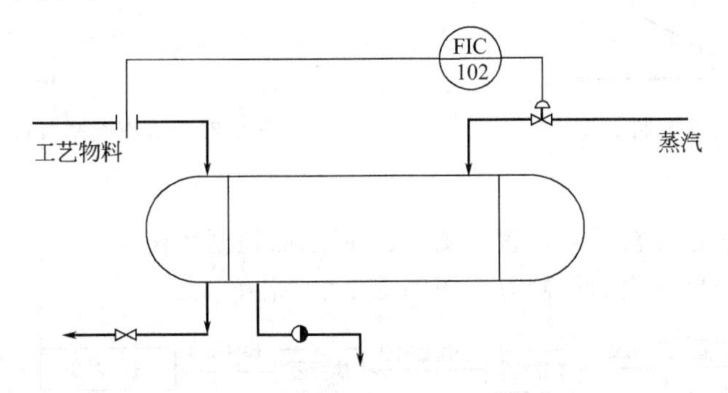

图 1-18 换热器出口温度控制方案二

方案分析：由图 1-18 可以看出，该控制方案与其他不同，其控制方框图如图 1-19 所示。

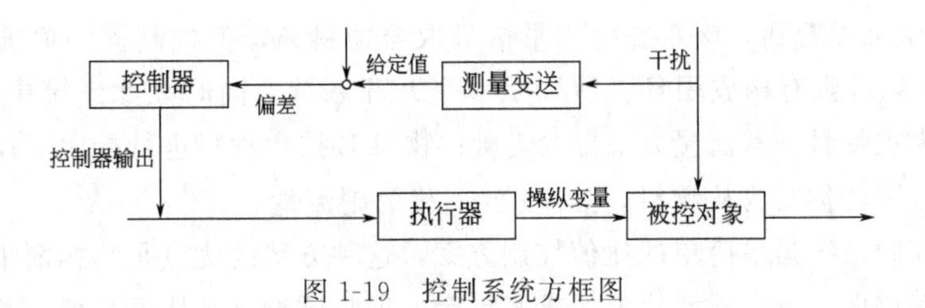

图 1-19 控制系统方框图

为了及时克服这一干扰对被控变量的影响，可以测量进料流量，根据进料流量大小的变化直接去改变过热蒸汽量的大小，这就是所谓的“前馈”控制。当进料流量变化时，通过前馈控制器 FIC 去开大或关小加热蒸汽阀，以克服进料流量变化对出口物料温度的影响。

1.3.4 流量控制

对于如图 1-20 所示的溶液配制装置，工艺要求溶液的浓度稳定在某一数值上。

1.3.4.1 问题提出

溶液的浓度与物料 A、B 的比例关系一一对应。要控制溶液的浓度恒定，就需要保持物料 A、B 的比例关系恒定。当物料 A、B 中任一物料流量发生变化，破坏了其比例关系，溶液的浓度就难以保持。

1.3.4.2 问题分析

溶液的浓度改变源于物料 A、B 的比例关系的破坏，只要其中任一物料流量发生变化，另一物料流量也随之变化，使物料 A、B 始终保持所要求的比例关系，溶液浓度即达到恒定的要求。

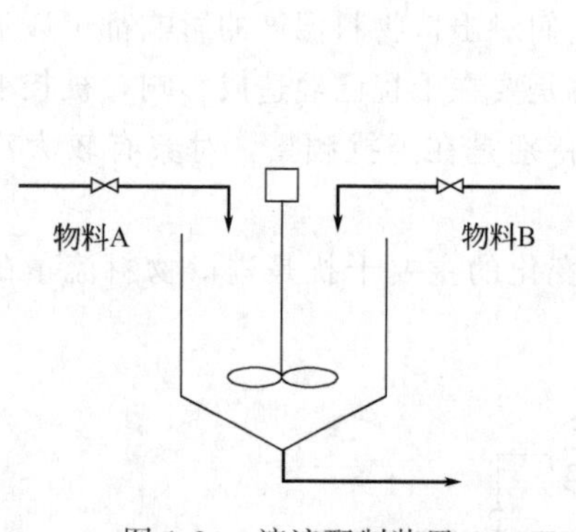

图 1-20　溶液配制装置

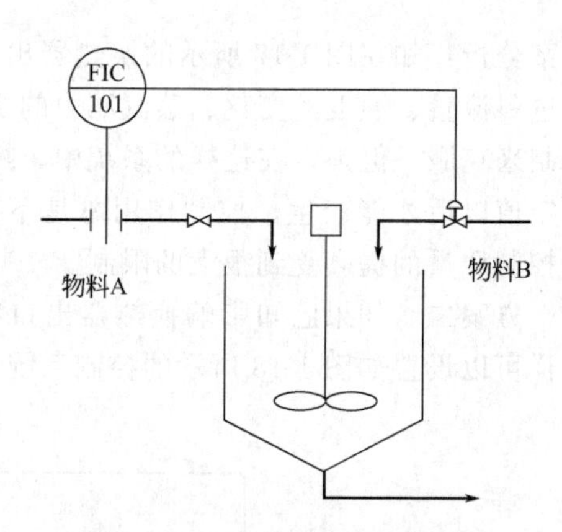

图 1-21　溶液配制装置开环控制

1.3.4.3 问题解决

(1) 方案一　根据分析可以设置如图 1-21 所示的控制系统。

方案分析：该控制方案的控制方框图如图 1-22 所示。

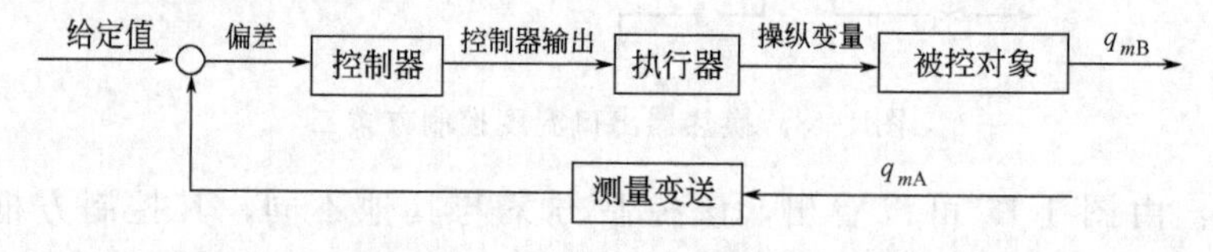

图 1-22　开环比值控制系统方框图

从图 1-22 中可以看到，该系统的测量信号取自物料 A，但控制器的输出却去控制物料 B 的流量，整个系统没有构成闭环，所以是一个开环系统。同时在此系统中物料 A 处于主导地位，称其为主物料，其流量 q_{mA} 为主流量；物料 B 按主物料进行配比，在控制过程中随物料量而变化，因此称其为从物料，其流量 q_{mB} 称为副流量。

开环比值控制系统是最简单的比值控制方案，这种方案的优点是结构简单，只需一台纯比例控制器，其比例度可以根据比值要求来设定。但是这种开环比值系统，其实质只能保持执行器的阀门开度与 q_{mA} 之间成一定比例关系。因此，当 q_{mB} 因阀门两侧压力差发生变化而波动时，系统不起控制作用，此时就保证不了 q_{mB} 与 q_{mA} 的比值关系了。也就是说，这种比值控制方案对副流量 q_{mB} 本身无抗干扰能力。所以这种系统只能适用于副流量较平稳且比值要求不高的场合。

(2) 方案二　根据分析可以设置如图 1-23 所示的控制系统。

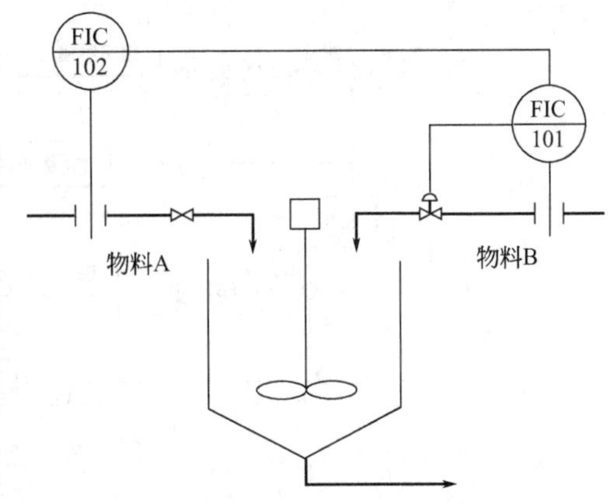

图 1-23　溶液配制装置单闭环比值控制

方案分析：该控制方案的控制方框图如图 1-24 所示。

从图 1-24 中可以看到，单闭环比值控制系统的主流量 q_{mA} 相似于串级控制系统中的主变量，但主流量并没有构成闭环系统，q_{mB} 的变化并不影响到 q_{mA}。尽管它亦有两个控制器，但只有一个闭合回路，这就是两者的根本区别。在稳定情况下，主、副流量满足工艺要求的比值。当主流量 q_{mA} 变化时，经变送器送至主控制器 FIC102（或其他计算装置的量）按预先设置好的比值使输出成比例地变化，也就是成比例地改变副流量控制器 FIC101 的给定值，此时副流量闭环系统为一个随动控制系统，流量比值保持不变。当主流量没有变化而副流量由于自身干扰发生变化时，此副流量闭环系统相当于一个定值控制系统，通过控制克服干扰，使工艺要求的流量比值仍保持不变。单闭环比值控制系统的优点是它不但能实现副流量跟随主流量的变化而变化，而且还可以克服副流量本身干扰对比值的影响，因此主、副流量的比值较为精确。另外，这种方案的结构形式较简单，实施起来也比较方便，所以得到广泛的应用，尤其适用于主物料在工艺上不允许进行控制的场合。

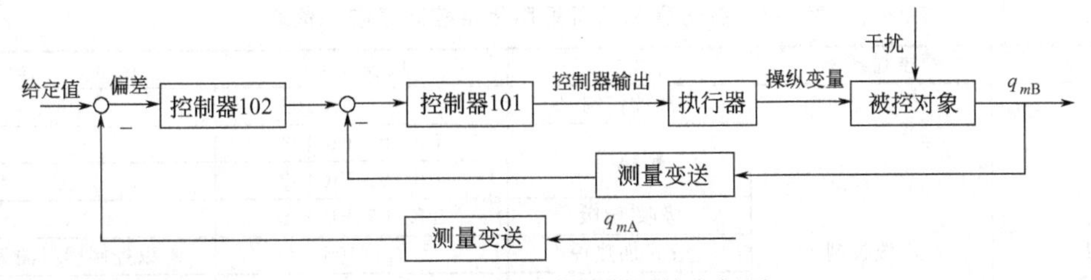

图 1-24　单闭环比值控制系统方框图

从而 q_{mB} 跟随 q_{mA} 变化，使得在新的工况下，单闭环比值控制系统，虽然能保持两物料量比值一定，但由于主流量是不受控制的，当主流量变化时，总的物料量就会跟着变化。

(3) 方案三　根据分析可以设置如图 1-25 的控制系统。

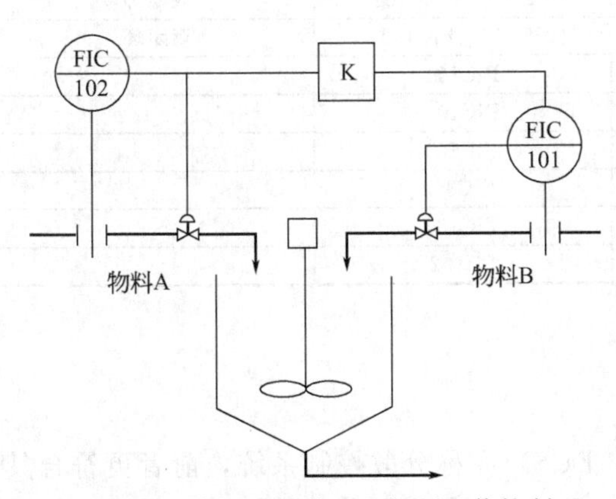

图 1-25　溶液配制装置双闭环比值控制

方案分析：该控制方案的控制方框图如图 1-26 所示。

双闭环比值控制系统是为了克服单闭环比值控制系统主流量不受控制，生产负荷（与总物料量有关）在较大范围内波动的不足而设计的。它是在单闭环比值控制的基础上，增加了主流量控制回路而构成的，如图 1-25、图 1-26 所示。从图中可以看出，当主流量 q_{mA} 变化时，一方面通过主流量控制器 FIC102 对它进行控制，另一方面通

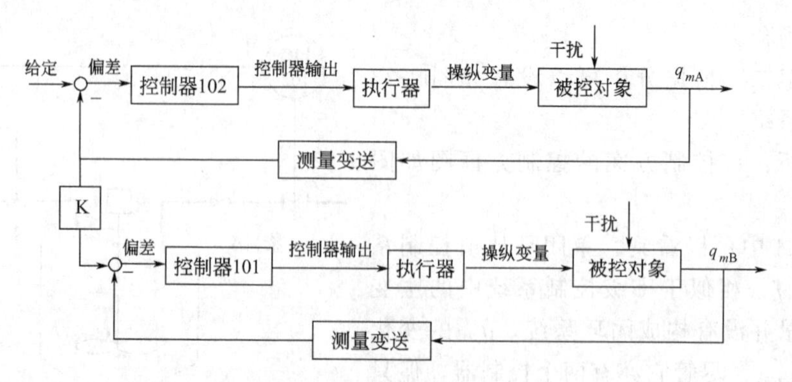

图 1-26 双闭环控制方框图

过比值控制器 K（可以是乘法器）乘以适当的系数后作为副流量 q_{mB} 控制器 FIC101 的给定值，使副流量跟随主流量的变化而变化。由图 1-26 可以看出，该系统具有两个闭合回路，分别对主、副流量进行定值控制。同时，由于比值控制器 K 的存在，使得主流量由受到干扰作用开始到重新稳定在给定值这段时间内，副流量能跟随主流量的变化而变化。这样不仅实现了比较精确的流量比值，而且也确保了两物料总量基本不变，这是它的一个主要优点。双闭环比值控制系统的另一个优点是提降负荷比较方便，只要缓慢地改变主流量控制器给定值，就可以提降主流量，同时副流量也就自动跟踪提降，并保持两者比值不变。

这种比值控制方案的缺点是结构比较复杂，使用的仪表较多，投资较大，系统调整比较麻烦。双闭环比值控制系统主要适用于主流量干扰频繁、工艺上不允许负荷有较大波动或工艺上经常需要提降负荷的场合。各仿真单元所采用复杂控制系统见表 1-4。

表 1-4 各仿真单元所采用复杂控制系统一览表

序号	控制系统	仿真单元	仪表位号	备　注
1	串级控制	液位控制	LIC101、FIC102	
		精馏塔	LIC103、FIC103	
			LIC101、FIC102	
		吸收-解吸	TIC107、FIC108	
		管式加热炉	TIC106	以控制燃料油为主
		催化剂萃取	LIC4009、FIC4021	
		流化床	AC402、FC402	
			AC403、FC404	
			PC403、LC401	
2	比值控制	液位控制	FIC103、FFIC104	双闭环
		固定床	FIC1425、FIC1427	双闭环
3	分程控制	离心泵	PIC101	
		液位控制	PIC101	
		换热器	TIC101	
		压缩机	PRC304	
		间歇反应釜	TIC101	
		精馏塔	PC102	

1.4 DCS 系统

集散控制系统（Distributed Control System，DCS）亦称分散控制系统，前者更符合其本质含义及体系结构。因其本质是采用分散控制和集中管理的设计思想、分而自治和综合协调的设计原则，并采用层次化的体系结构，基本构成是直接控制层和操作监控层，另外可以拓展生产管理层和决策管理层。DCS 是以多台直接数字控制系统（Direct Digital Control，DDC）为基础，集成了多台操作、监控和管理计算机，采用了层次化的体系结构，构成了集中分散型控制系统。

1.4.1　DDC 系统

直接数字控制系统是一种基本的计算机控制系统，它的基本组成是计算机硬件、软件和算法，它是计算机应用于工业控制的基础。它是在仪表控制系统、操作指导控制系统和设定值控制系统的基础上逐步发展形成的。由 DDC 可以形成监督计算机控制系统，进一步发展成 DCS、FCS、PCS 或 PLC。

1.4.1.1　DDC 系统的形成

控制回路的构成需要有传感器、控制器和执行器，俗称控制三要素，如图 1-27 所示。首先，传感器将被控对象的被控量（如温度、压力、流量、料位、成分）或过程量（Process Variable，PV）送给控制器；再将设定量（Set-point Value，SV）或设定值送给控制器，控制器根据 PV 和 SV 之间的偏差（Error，E）及控制算法计算出控制量或操作量（Manipulation Variable，MV）；然后将 MV 送给执行器（如电动操作阀、气动调节阀），由执行器对被控对象施加控制作用，使 PV 接近 SV 而达到控制目的。

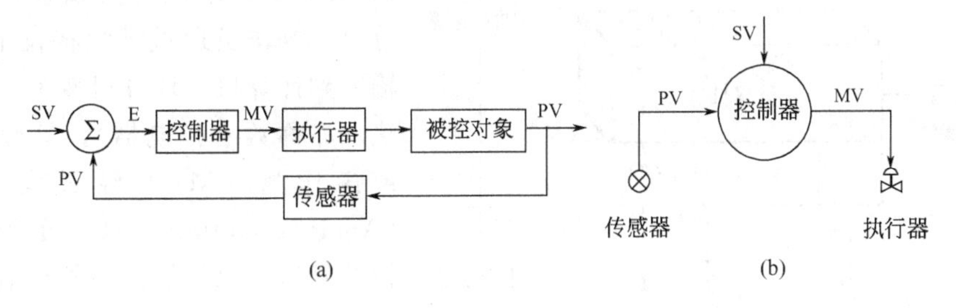

图 1-27　控制回路

20 世纪 50 年代采用仪表分散控制，人们把传感器、控制器和执行器分散安装于生产装置，如图 1-28 所示。例如，单回路压力控制的基本组成是压力传感器或压力变送器、控制器和执行器（调节阀），压力变送器的压力信号（PV）送到控制器，控制器上可以设置压力设定值（SV），控制器的控制信号（MV）驱动执行器对被控对象加控制作用，达到所需的控制目的。操作员在生产现场巡回检查传感器、控制器和执行器的工作状态，按生产要求在控制器上修改设定值。这类控制系统按地理位置分散于生产现场，自成体系，实现了一种自治式的彻底分散控制。其优点是危险分散，一台仪表故障只影响一个控制点；其缺点是只能实现简单的控制，操作工奔跑于生产现场巡回检查，不便于集中操作管理，而且只适用于几个控制回路的小型系统。

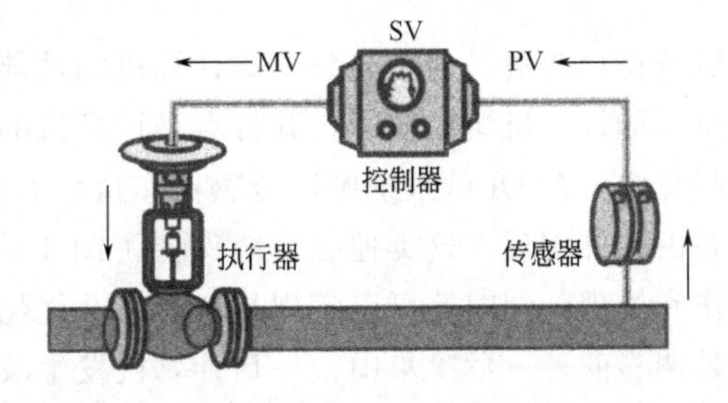

图 1-28　仪表分散控制

20 世纪 60 年代采用仪表集中控制，人们将电动组合仪表（DZZⅡ型仪表信号为 0～10mA DC，DZZⅢ型仪表信号为 0～10mA DC）的控制器、指示仪、记录仪等集中安装于中央控制室，传感器和执行器分散安装于生产现场，如图 1-29 所示。其特点是控制三要素

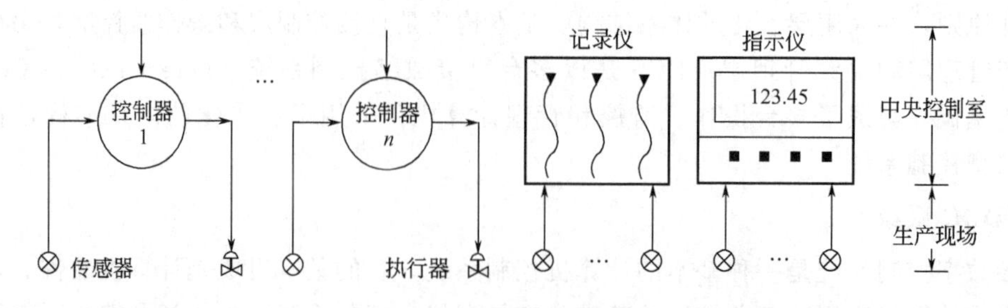

图 1-29 仪表集中控制

（传感器、控制器和执行器）分离，便于集中操作监视。这类控制系统的优点是便于集中控制、监视、操作和管理，而且继续保持了图 1-28 所示控制系统的优势——危险分散，一台仪表故障只影响一个控制点；其缺点同样是只能实现简单的控制，同时由于控制三要素的分离使安装成本提高，要消耗大量的管线和电线，调试麻烦，维护困难，因此只适用于中小型系统。

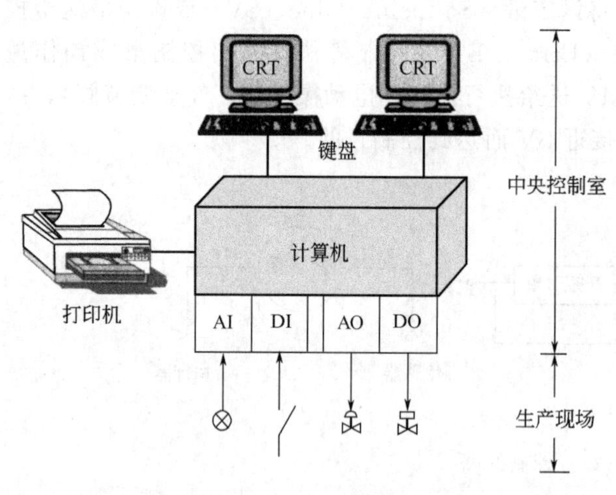

图 1-30 计算机集中控制

从 20 世纪 70 年代开始，人们将计算机用于生产过程控制，传感器的模拟信号（PV）经过模拟量输入（Analong Input，AI）通道转换成数字量送给计算机，操作员通过键盘将设定值（SV）输入到计算机，计算机软件实现控制算法（亦称数字控制器），其数字控制量或操作量（MV）经过模拟量输出（Analong Output，AO）通道转换成模拟信号送给执行器。另外还有开关量输入或数字量输入（Digital Input，DI）通道，开关量输出或数字量输出（Digital Output，DO）通道。由于当时计算机价格比较贵，为了充分发挥计算机的功能，从而产生了直接数字控制（DDC），如图 1-30 所示的计算机集中控制，其特点是计算机的输入和输出均为数字量，计算机软件实现数字控制算法。在 DDC 系统中，传感器和执行器仍然分散安装于生产现场，控制器集中于计算机并由软件实现。这类控制系统保持了图 1-29 所示控制系统的优势——集中控制、监视、操作和管理，同时又可以实现复杂控制及优化控制，适用于现代化生产过程的控制；其缺点也是明显的——危险集中，一旦计算机发生故障，影响面比较广，轻者波及一台或几台生产设备，重者使全厂瘫痪。

综上所述，计算机是数字设备，只能接收和输出数字信号。而被控对象（或生产过程）通常是模拟系统，被控量及其传感器或变送器信号是模拟量，执行器也只能接收模拟信号。因此，计算机和被控对象之间存在信号的互相转换。计算机控制系统的信号流程如图 1-31 所示，从被控对象开始依次有以下 5 种信号。

（1）模拟信号 $y(t)$ 模拟信号是来自被控对象的温度、压力、流量、液位和成分等传感器或变送器的信号（如 4～20mA）。

模拟信号是时间上连续、幅值上也连续的信号。

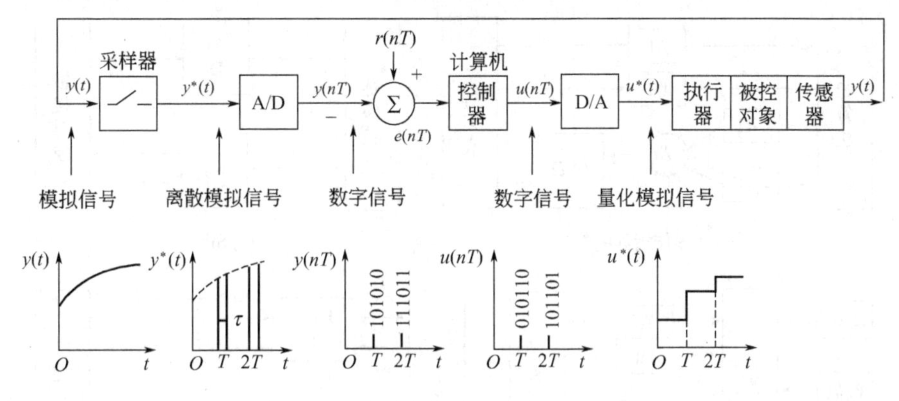

图 1-31 计算机控制系统的信号流程

（2）离散模拟信号 $y^*(t)$ 模拟信号 $y(t)$ 经过采样器就得到离散模拟信号 $y^*(t)$。把模拟信号 $y(t)$ 按一定的采样周期 T 转变为瞬间 0、T、$2T$、…、nT 的一连串脉冲信号 $y^*(t)$的过程为采样过程，实现采样的器件称为采样器或采样开关。在每个采样周期 T 内，采样开关闭合时间为 τ，τ 远小于 T，仅仅在 τ 时间内 $y^*(t)$ 才是连续的。

离散模拟信号是时间上离散、幅值上连续的信号。

（3）数字信号 $y(nT)$、$r(nT)$、$e(nT)$ 离散模拟信号 $y^*(t)$ 经过 A/D 转换成数字信号 $y(nT)$，设定值（如 123℃）经过计算机转换成数字信号 $r(nT)$。在计算机内部，$y(nT)$ 和 $r(nT)$ 的差值 $e(nT)$ 也是数字信号。

数字信号是时间上离散、幅值上量化的信号。量化精度取决于 A/D 字长和输入信号量程，如 0～5V 输入信号，用 8 位 A/D，量化精度为 19.60mV；改用 12 位 A/D，量化精度为 1.22mV。

（4）数字信号 $u(nT)$ 计算机按控制周期执行控制算法，其运算结果或控制量 $u(nT)$ 为数字信号同样是时间上离散、幅值上量化的信号。量化精度取决于运算数字 C 即为 $1/(2^C-1)$。

（5）量化模拟信号 $u^*(t)$ 数字信号经过 D/A 转化成量化模拟信号。如控制量 $u(nT)$ 经过 D/A 转换成量化模拟信号 $u^*(t)$，量化精度取决于 D/A 字长和输出信号量程。如 4～20mA 输出信号，用 8 位 D/A，量化精度为 0.0627mA；改用 12 位 D/A，量化精度为 0.0039mA。

D/A 是零保持器，把当前时刻 nT 的信号保持到下一刻 $(n+1)T$。也就是说，零阶保持器仅仅是根据 nT 时刻的值按常数外推，知道下一时刻 $(n+1)T$，然后换成新值再继续外推。

量化模拟信号是时间上连续、幅值上连续量化的信号。

1.4.1.2 DDC 系统的发展

计算机控制系统是从操作指导控制、设定值控制（Set-Point Control，SPC）、直接数字控制（Direct Digital Control，DDC）、监督计算机控制（Supervisory Computer Control，SCC）等类系统逐步发展完善的，如图 1-32 所示。前两种属于计算机与仪表的混合系统，直接参与控制的仍然是仪表，计算机只起操作指导和改变设定值（SV）的作用；后两种计算机承担全部任务，而且 SCC 属于两极计算机控制。

操作指导控制的构成如图 1-32（a）所示。计算机首先通过模拟量输入（AI）通道和开

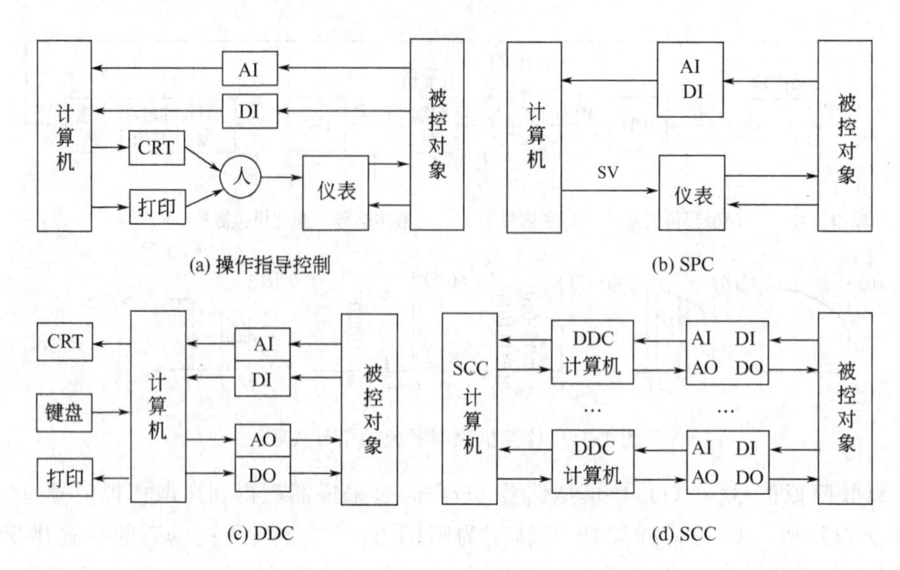

图 1-32 计算机控制的四种类型

关量输入（DI）通道实时地采集被控对象的参数，然后根据一定的运算控制和分析判断，再通过阴极射线管或屏幕显示器（Cathode Ray Tube，CRT）或打印机输出操作指导信息，最后有人实施操作。

设定值控制的构成如图 1-32（b）所示。计算机首先通过模拟量输入通道和开关量输入通道实时地采集被控对象的参数，然后根据一定的控制运算，直接向仪表输出设定值，最后由仪表实施控制。

直接数字控制的构成如图 1-32（c）所示。计算机首先通过模拟量输入通道和开关量输入通道实时地采集被控对象的参数，然后按照一定的控制策略进行计算，最后发出控制信号或操作命令，在通过模拟量输出（AO）通道和开关量输出（DO）通道作用于被控对象。DDC 属于计算机闭环控制系统，是计算机在生产过程中最普遍的一种应用方式。DDC 是计算机控制系统的基础。

监督计算控制的构成如图 1-32（d）所示。SCC 属于两极计算机控制，其中第一级完成直接数字控制（DDC）的任务，DDC 计算机实施常规控制算法，该级也是 DDC 级；第二级 SCC 计算机实施最优控制或高等控制算法，为 DDC 计算机提供各种控制信息，比如最佳设定值（SV）或最优控制（MV），该级也称 SCC 级。

中国 DDC 的发展从单板机、STD（standard）总线模板机、PC（Personal Computer）总线工业控制机，发展到 PCI（Peripheral Component Interconnection）总线和 Compact PCI 总线工业控制机，简称工业 PC。由于工业 PC 硬件和软件的通用性比较好，已成为 DDC 的主流系统。

在上述 4 种类型的计算机控制的基础上，发展形成了典型的集散控制系统（DCS）、现场总线控制系统（FCS）、可编控制器系统（PCS 或 PLC）。

1.4.2 DCS 的产生过程

如图 1-28～图 1-30 所示的 3 种控制系统分为分散型和集中型两类，其优缺点如下。

① 分散型控制的危险分散，安全性好，但不便于集中监视、操作和管理。

② 集中型控制的危险集中，安全性差，但便于集中监视、操作和管理。

③ 模拟仪表仅实现简单控制，各控制回路之间无法协调，难以实现中、大型系统的集中监视、操作和管理。

④ 计算机可以实现简单及复杂控制，各控制回路之间统一协调，便于集中监视、操作和管理。

人们分析比较了分散型控制和集中型控制的优缺点之后，认为有必要吸取两者的优点，并将两者结合起来，即采用分散控制和集中管理的设计思想，分而自治和综合协调的设计原则。

所谓分散控制，是用多台微型计算机，分散应用于生产过程控制。每台计算机独立完成信号输入输出和运算控制，并可以实现几个、十几个或几十个控制回路。这样，一套生产装置需要一台或几台计算机协调工作，解决了原有计算机集中控制带来的危险集中，以及常规模拟仪表控制功能的单一局限性。这是一种将控制功能分散，即“危险分散”的设计思想。

所谓集中管理，是用通信网络技术把多台计算机构成网络系统，除了控制计算机之外，还包括操作管理计算机，形成了全系统信息的集中管理和数据共享，实现控制与管理的信息集成，同时在多台计算机集中监视、操作和管理。

计算机集散控制系统采用了网络技术和数据库技术，一方面，每台计算机自成体系，独立完成一部分工作；另一方面，各台计算机之间相互协调，综合完成复杂的工作，实现了分而自治和综合协调的设计原则。

20 世纪 70 年代中期，大规模集成电路技术飞速发展，微型计算机出现，其性能和价格的优势为研制 DCS 创造了条件；通信网络技术的发展，也为多台计算机互连创造了条件；CRT 屏幕显示技术可为人们提供完善的人机界面，进行集中监视、操作和管理。这 3 条为研制 DCS 提供了外部环境。另外，随着生产规模不断扩大，生产工艺日趋复杂，对生产过程控制不断提出新要求，常规模拟仪表控制和计算机集中控制系统已不能满足现代化生产的需要，这些是促使人们研制 DCS 的内部动力。经过人们的努力，于 20 世纪 70 年代中期研制出 DCS，成功地应用于连续过程控制。

DCS 的结构原型如图 1-33 所示。其中，控制站（Controlstation，CS）进行过程信号输入输出和运算控制，实现 DDC 功能；操作员站供工艺操作员对生产过程进行监视、操作和管理；工程师站供控制工程师按工艺要求设计控制系统，按操作要求设计人机界面，并对 DCS 硬件和软件进行维护和管理；监控计算机站实现优化控制、自适应控制和预测控制等一系列先进控制算法，完成 SCC 功能；计算机网站完成 DCS 网络与其他网络连接，实现网络互联与开放。

1.4.3 DCS 发展历程

DCS 综合了计算机、通信、屏幕显示和控制技术，简称“4C”技术。DCS 的发展与“4C”技术的发展密切相关，自从 20 世纪 70 年代中期诞生 DCS 至今，已更新换代了 3 代 DCS，现在又产生了新一代 DCS，即 FCS（Field-bus Control System，现场总线控制系统）。

（1）第一代 DCS　20 世纪 70 年代，DCS 的控制站采用 8 位 CPU，操作员站与工程师站采用 16 位 CPU。该系统具有多个微处理器，实现分散输入、输出、运算和控制，以及集中操作监视和管理。DCS 的诞生，让人们看到计算机用于生产过程进行分散控制和集中管理的前景。

20 世纪 70 年代为 DCS 的初创期。尽管第一代 DCS 在技术性能上尚有明显的局限性，还是推动了 DCS 的发展，让人们看到 DCS 用于过程控制的曙光。

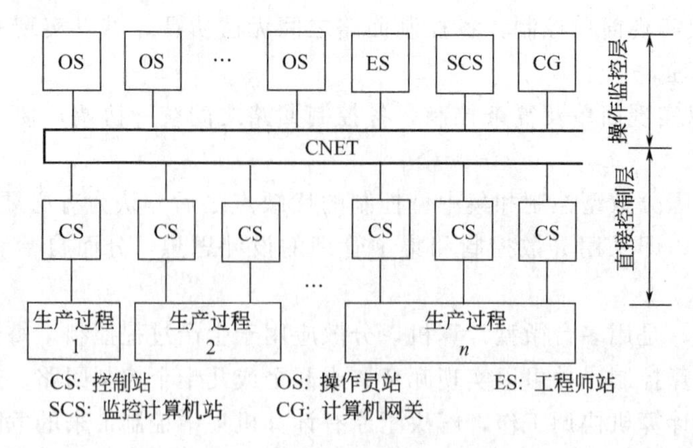

图 1-33 DCS的结构原型

（2）第二代DCS 20世纪80年代，由于大规模集成电路技术的发展，16位、32位微处理机的技术的成熟，特别是局域网技术用于DCS，给DCS带来新的面貌，形成了第二代DCS。为了提高可靠性，采用冗余CPU和冗余电源，在线热备份。工程师站既有可用作离线组态，也可用作在线组态。

20世纪80年代为DCS的成熟期。第二代DCS的代表产品有Honeywell公司的TDC3000，Yokogawa公司的CENTUM-XL，Foxboro公司的I/AS等。

（3）第三代DCS 20世纪90年代，由于计算机技术的快速发展，使得DCS的硬件和软件都采用一系列高新技术，几乎与“4C”技术的发展同步，使DCS向更高层次发展，出现了第三代DCS。控制站采用了32位CPU，远程I/O单元通过IOBUS（输入输出总线）分散安装。操作员站有多媒体功能。采用国际标准的网络通信协议，系统具有开放式。

20世纪90年代为DCS的发展期。第三代的DCS的代表产品有Honeywell公司的TPS，Yokogawa公司的CENTUM-CS，Rosemount公司的Delta V，和利时公司的HS2000等。

（4）第四代DCS DCS发展到第三代，尽管采用了一系列新技术，但是现场生产层仍然没有摆脱沿用了几十年的常规模拟仪表。DCS从输入输出单元（IUO）以上的各层均采用计算机和数字通信技术，只有生产现场层常规模拟仪表仍然是一对一的模拟信号（0～10mA，4～20mA）传输，多台模拟仪表集中接于IUO。生产现场层与DCS各层形成极大的反差还不协调，并制约了DCS发展。

因此，人们要变革现场模拟仪表，改为现场数字仪表，并用现场总线互连。由此带来DCS控制站的变革，即将控制站内的功能块分散地分布在各台现场数字仪表中，并可统一组态构成控制回路，实现彻底的分散控制[1]，也就是说，有多台现场数字仪表在生产现场构成控制站。这两项变革的核心是现场总线。

20世纪90年代，现场总线技术有了突破，公布了现场总线的国际标准，并生产出现场总线数字仪表。现场总线为变革DCS带来希望和可能，标志着新一代DCS的产生，取名为现场总线控制系统（FCS），其结构原型如图1-34所示。该图中，流量变送器（FT）、温度变送器（TT）、压力变送器（PT）分别含有输入功能块FI-121、TI-122、PI-123，调节阀（V）中含有PID控制块和输出功能块，用这些功能块可以在现场总线上构成PID控制回路。

[1] 传统的DCS只有分散的控制站，没有分散的控制回路。

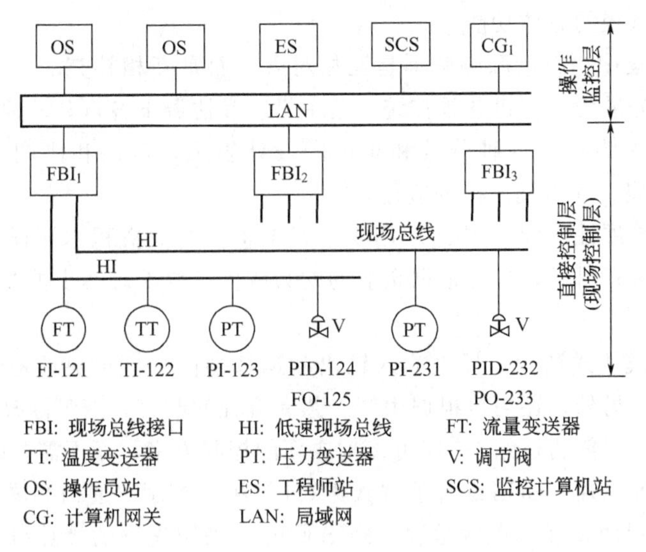

图 1-34　新一代 DCS（FCS）结构原型

现场总线接口下接现场总线，上接局域网，即 FBI 作为现场总线与局域网之间的网络接口。FCS 革新了 DCS 的现场控制站及现场模拟仪表，用现场总线将现场数字仪表互联在一起，构成控制回路，形成现场控制层，即 FCS 的现场控制层和决策管理层仍然同 DCS。

1.4.4　DCS 的特点和优点

DCS 问世以来，随着计算机、控制、通信和屏幕显示技术的发展而发展，一直处于上升发展状态，广泛地用于工业控制的各个领域。究其原因是 DCS 有一系列特点和优点，主要体现在以下 6 个方面：分散性和集中性，自治性和协调性，灵活性和扩展性，先进性和继承性，可靠性和适应性，友好性和新颖性。

（1）分散性和集中性　DCS 分散性的含义是广义的，不单是分散控制，还有地域分散、设备分散、功能分散和危险分散的含义。分散的目的是为了使危险分散，进而提高系统的可靠性和安全性。

DCS 硬件积木化和软件模块化是分散性的具体表现。因此，可以因地制宜地分散配置系统。DCS 纵向分层次结构，可分为直接控制层和操作监控层。DCS 横向分子系统结构，如直接控制层有多台控制站（CS），每台控制站可看作一个子系统；操作监控层有多台操作员站（OS），每台操作员站也可看作一个子系统。

DCS 的集中性是指集中监视、集中操作和集中管理。

DCS 通信网络和分布式技术库是集中性的具体体现，用通信网络把物理分散的设备构成统一的整体，用分布式数据库实现全系统的信息集成，进而达到信息共享。因此，可以同时在多台操作员站上实现集中监视、集中操作和集中管理。当然，操作员站的地理位置不必强求集中。

（2）自治性和协调性　DCS 的自治性是指系统中的各台计算机均可独立工作，例如，控制站能自主地进行信号输入和输出、运算和控制；操作员站能自主地实现监视、操作和管理；工程师站的组态功能更为独立，既可在线组态，也可离线组态，甚至可以在与组态软件兼容的其他计算机上组态，形成组态文件后再装入 DCS 运行。

DCS 的协调性是指系统中的各台计算机用通信网络互联在一起，相互传送信息，相互协调工作，以实现系统的总体功能。

DCS的分散和集中、自治和协调不是互相对立，而是互相补充的。DCS的分散是相互协调的分散，各台分散的自主设备是在统一集中管理和协调下各自分散独立的工作，构成统一的有机整体。正因为有了这种分散和集中的设计思想，自治和协调的设计原则，才使DCS获得进一步发展，并得到广泛的应用。

(3) 灵活性和扩展性 DCS硬件采用积木式结构，类似搭积木那样，可灵活地配置成小、中、大各类系统；另外，还可根据企业的财力或生产要求，逐步扩展系统，改变系统的配置。

DCS软件采用模块式结构，提供输入输出和运算功能块。可灵活地组态构成简单、复杂的各类控制系统。另外，还可以根据生产工艺和流程的改变，随时修改控制方案，在系统容量允许的范围内，只需通过组态[1]就可以构成新的控制方案，而不需要改变硬件配置。

(4) 先进性和继承性 DCS综合了“4C”(计算机、控制、通信和屏幕显示) 技术，随着“4C”技术的发展而发展。也就是说，DCS硬件上采用先进的计算机、通信网络和屏幕显示；软件上采用先进的操作系统、数据库网络管理和算法语言；算法上采用自适应、预测、推理、优化等先进的控制算法，建立生产过程数学模型和专家系统。

DCS自问世以来，更新换代比较快，几乎一年一更新。当出现新型DCS时，老DCS作为新DCS的一个子系统继续工作，新、老DCS之间还可以相互传递信息。这种DCS的继承性，给用户消除了后顾之忧，不会因为新、老之间的不兼容，给用户带来经济上的损失。

(5) 可靠性和适应性 DCS的分散性带来系统的危险分散，提高了系统的可靠性。DCS采用了一系列承认、冗余技术，如控制站主机、I/O板、通信网络和电源灯均可双重化，而采用热备份工作方式，自动检查故障，一旦出现故障立即自动切换。DCS安装了一系列故障诊断与维护软件，实时检查系统和软件故障，并采用工作屏蔽技术，使工作影响尽可能小。

DCS采用高性能的电子器件、先进的生产工艺和各项干扰技术，可使DCS能够适应恶劣的工作环境。DCS设备的安装位置可适应生产装置的地理位置，尽可能满足生产的需要。DCS的各项功能可适应现代化大生产的控制和管理要求。

(6) 友好性和新颖性 DCS为操作人员提供了友好的人机界面(MMI)。操作员站采用色彩CRT或LCD和交互式图形画面，常用的画面有总貌、组、点、趋势、报警、操作指导和流程图画面等。由于采用图形窗口、专用键盘、鼠标器或球标器等，使得操作简便。

DCS的新颖性主要表现在人机界面，采用动态画面，工业电视、合成语音等多媒体技术，图文并茂，形象直观，操作人员有身临其境之感。

1.4.5 DCS的体系结构

尽管不同DCS产品在硬件的互换性、软件的兼容性、操作的一致性上很难达到统一，但从其基本构成方式和构成要素来分析，仍然具有相同或相似的体系结构。本书介绍DCS

[1] 其中组态(Configuration)的含义是使用软件工具，为用户提供应用设计平台，按用户的需要对计算机的资源进行组合。组态的过程可以看做是软装配的过程，软件提供了各种“零部件”供用户选择，如输入功能块、输出功能块、控制功能块、运算功能块、子图、动态点、动态控件、操作点、操作显示窗口、通用画面(如总貌、组、点、趋势画面)模板、打印模板等。用户选择所需的“零部件”进行组态。组态的结果形成组态文件，再下装到相应的硬件设备中运行，根据组态文件调用输入、输出、控制、运算、人机接口等相关软件协调工作，达到应用设计的目的。

的层次结构和网络结构，以便读者了解和认识 DCS。

1.4.5.1 DCS 的层次结构

DCS 按功能分层的层次结构充分体现了其分散控制和集中管理的设计思想。DCS 的基本构成是直接控制层和管理的一体化系统，如图 1-35 所示。

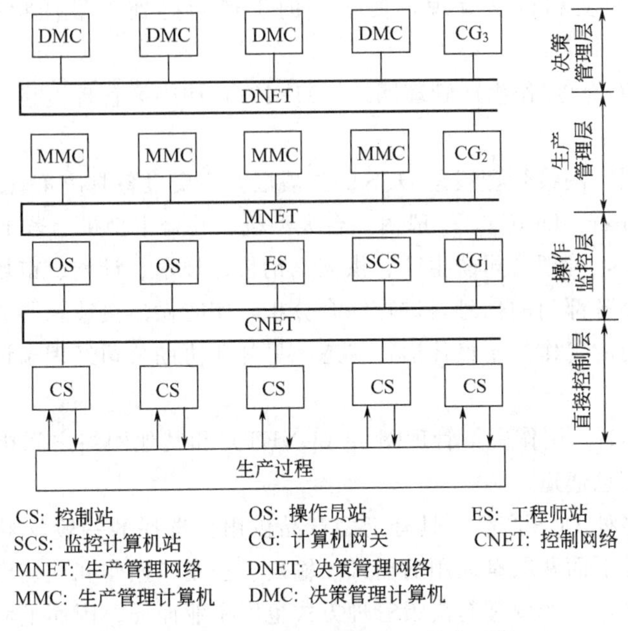

图 1-35 DCS 的控制和管理一体化系统

(1) 直接控制层 直接控制层是 DCS 的基础，其主要设备是控制站（CS），控制站的功能是输入、输出、运算、控制和通信，控制站由输入输出单元（Input Output Unit，IOU）、主控单元（Master Control Unit，MCU）和电源 3 个部分组成。

输入输出单元直接与生产过程的信号传感器、变送器和执行器连接，其功能一是采集反应生产状况的过程变量（如温度、压力、流量、料位、成分）和状态变量（如开关或按钮的通或断，设备的开或停），并进行数据处理；二是向生产现场的执行机构传送模拟量操作信号（4～20mA DC）和数字量操作信号（开或关、启或停）。

(2) 操作监控层 操作监控层是 DCS 的中心，其主要设备是操作员站（OS）、工程师站（ES）、监控计算机站（SCS）和计算机网关（CG_1），其功能是操作、监视和管理。

操作员站为 32 位（或 64 位）微型机或工作站，并配置彩色 CRT 或 LCD、操作员专用键盘和打印机等外部设备，供工艺操作员对生产过程进行监视、操作和管理，具备图文并茂、形象逼真、动态效应的人机界面（MMI）。

工程师站为 32 位（或 64 位）微型机或工作站，或由操作员站兼用。供计算机工程师对 DCS 进行系统生成和诊断维护；供控制工程师进行控制回路组态、人机界面绘制、报表制作和特殊应用软件编制。

监控计算机站为 32 位（或 64 位）小型机，用来建立生产过程的数学模型，实现高等过程控制策略，实现装置级的优化控制和协调控制；并可以对生产过程进行故障诊断、预备和分析，保证安全生产。

计算机网关用作控制网络（CNET）和生产管理网络（MNET）之间相互通信。

(3) 生产管理层 生产管理层是DCS的扩展层，主要设备是生产管理计算机（Manufactory Management Computer，MMC），一般由一台中型机和若干台微型机组成。

该层处于工厂级，根据订货量、库存量、生产原料和能源供应情况及时制订全厂的生产计划，并分解落实到生产车间或装置；另外还要根据生产状况及时协调全厂的生产计划，进行生产调度和科学管理，使全厂的生产始终处于最佳状态，并能应付不可预测的事件。

计算机网关（CG_2）用作生产管理网络（MNET）和决策管理网络（DNET）之间相互通信。

(4) 决策管理层 决策管理层是DCS的扩展层，主要设备是决策管理计算机（Decision Management Computer，DMC），一般由一台大型机、几台中型机、若干台微型机组成。

该层处于公司级，管理公司的生产、供应、销售、技术、计划、市场、财务、人事、后勤等部门。通过收集各部门的信息，进行综合分析，实时做出决策，协助各级管理人员指挥调度，使公司各部门的工作处于最佳运行状态。另外还协助公司经理制订中长期生产计划和远景规划。

计算机网关（CG_3）用作决策管理网络（DNET）和其他网络之间相互通信，即企业网和公共网络之间的信息通道。

目前世界上有多种DCS产品，具有定型产品供用户选择的一般仅限于直接控制层和操作监控层。其原因是下面两层有通用的输入、输出、控制、操作和监控模式，而上面两层的体系结构因企业而异，生产管理与决策管理方式也因企业而异，因而上面两层要针对各企业的要求分别设计和配置系统。

1.4.5.2 DCS的网络结构

DCS采用层次化网络结构，基本构成是控制网络（CNET），根据控制和管理一体化的需要，可以扩展生产管理网络（MNET）和决策管理网络（DNET）。

(1) 控制网络 控制网络是DCS网络的基础，具有良好的实时性、快速的响应性、极高的安全性、恶劣环境的适应性、网络的互联性和网络的开放性等特点。

控制网络选用局域网（LAN），符合国际标准化组织（ISO）提出的开放系统互连（OSI）7层参考模型，以及电气电子工程师协会（IEEE）提出的IEEE802局域网标准，如IEEE802.3（CSNA/CD）、IEEE802.4（令牌总线）和IEEE802.5（令牌环）。

控制网络选用国际流行的局域协议（如Ethernet），传输介质为同轴电缆或光缆，传输速率为10～100Mbps，传输距离为5～10km。

(2) 生产管理网络 生产管理网络（MNET）处于工厂级，覆盖一个厂区的各个网络节点。一般选用局域网（LAN），采用国际流行的局域网协议（如Ethernet、TCP/IP），传输介质为同轴电缆或光缆，传输速率为100～1000Mbps，传输距离为5～10km，分布式关系数据库为Oracle和Sybase等。

(3) 决策管理网络 决策管理网络（DNET）处于工厂级，覆盖全公司的各个网络节点。一般选用局域网或广域网，采用国际流行的局域网协议（如Ethernet、TCP/IP）或光缆分布数据接口FDDI（Fiber Distributed Data Interface），传输介质为同轴电缆、光缆、电话线或无线，传输速率为100～1000Mbps，传输距离为10～50km，分布式关系数据库为Oracle和Sybase等。

1.5 化工操作注意事项

仿真练习可以使学员在短时期内积累较多化工过程操作经验。这些经验还能反映学员分析问题、解决问题的综合水平。为了更好地操作化工仿真软件，体会化工操作的实质，先介绍化工操作的一般注意事项。

(1)“四熟悉” 熟悉工艺流程，熟悉操作设备，熟悉控制系统，熟悉开车规程，即使是仿真实习，也必须在动手开车之前达到“四熟悉”。这是运行复杂化工过程之前必须遵守的一项原则。

工艺流程的快速入门方法是读懂带指示仪表和控制点的工艺流程图。本仿真软件的DCS图已非常接近这种工艺流程图。工程设计中称此图为PID。还应当记住开车达到一工况后各重要参数，如压力p、流量F、液位L、温度T、分析检测变量A，例如百分浓度等具体的量化数值。若有条件了解真实系统，应当对照PID图确认管路的走向、管道的直径、阀门的位置、检测点和控制点的位置等。如有可能可进一步了解设备内部的结构。

开车准备工作是开车时所涉及的所有控制室和现场的手动和自动执行机构，如控制室的调节（操作器）、电开关、事故联锁开关等，现场的快开阀门、手动可调阀门、调节阀、电开关等。仿真开车过程中要频繁使用这些操作设备，因此必须熟悉有关设备的位号、在流程中的位置、功能和所起的作用。

自动控制系统在化工过程中所起的作用越来越大。为了维持平稳生产、提高产品质量，自动控制系统在化工过程中已成为重要组成部分。如果不了解自动控制系统及使用方法，就无法实施开车。

开车规程通常是在总结大量实践经验的基础上，考虑到生产安全、节能、环保等多方面做出的规范。这些规范体现在本软件的开车步骤与相关的说明中。熟悉开车规程不仅是对操作规程的机械背诵，更应当在理解的基础上加以记忆。仿真开车时往往还要根据具体情况灵活处理，与真实系统开车非常相似。

(2) 操纵变量和被控变量 对于每一个控制系统应清楚其操纵变量和被控变量。所谓操纵变量就是具体实现控制作用的变量，所谓被控变量就是生产过程中所要保持恒定的变量。

(3) 分清强顺序性和非顺序性操作步骤 所谓强顺序性操作步骤是指操作步骤之间有较强的顺序关系，操作前后顺序不能随意更改。要求强顺序性操作步骤主要有两个原因：第一是考虑到生产安全，如果不按操作顺序开车会引发事故；第二是由于工艺过程的自身规律，不按操作顺序就开不了车。

所谓非顺序性操作步骤是指操作步骤之间没有顺序关系，操作前后顺序可以随意更改。本仿真软件对强顺序性操作设有严格的步骤评分程序。如果不按顺序操作，后续的步骤评分可能为零。当然有的情况不按操作顺序可能根本就开不起来，或引发多种事故。例如，离心泵不按低负荷启动规程开车，步骤分得不到。加热炉中无流动物料就点火升温，必然导致轴瓦超温和炉管过热事故。脱丁烷塔回流罐液位很低时就开全回流，必然会抽空，这是工艺过程的自身规律。间歇反应前期的备料工作，先备哪一种都可以。往复压缩机冲转前的各项准备工作大多是非顺序性的。

(4) 阀门应当开大还是关小 当手动操作一个调节阀或一个手操阀时，首先必须搞清该阀门应当开大还是关小。阀门的开和关与当前所处的工况以及工艺过程的结构直接相关。以离心泵上游的水槽液位系统为例。液位调节器 LIC 输出所连接的调节阀在水槽上方入口管线上，该阀门为气开式。当液位超高时，调节阀应当关小。此时水槽入口和出口的水都在连续地流动着。只有当入口和出口流量相等时，水槽液位才能稳定在某一高度。如果液位超高，通常是入口流量大于出口流量，导致液位向上积累，所以必须适当关小入口阀。液位超过给定值，调节器呈现正偏差，此时若输出信号减小，称为正作用。若调节阀安装在出口管线上，情况正相反，称为反作用。

(5) 把握粗调和细调的分寸　当手动操作阀门时，粗调是指大幅度开或关阀门，细调是指小幅度开或关阀门。粗调通常是当被调变量与期望值相差较大时采用。细调是当被调变量接近期望值时采用。当工艺过程容易产生波动，或对压力和热负荷的大幅度变化会造成不良后果的场合，粗调的方式必须慎用，而细调是安全的方法。此外，对有些流量，搞不清楚阀门是应当开大还是关小时，更应当细调，找出解决方法后，再进行大负荷调整。

化工装置无论是流量、物位、压力、温度或组成的变化，都呈现较大的惯性和滞后。初学者或经验不足的操作人员经常出现的操作失误就是工况的大起大落。当被调变量偏离期望值较大时，大幅度调整阀门。由于系统的大惯性和大滞后，大幅度调整以后一时看不出效果，因而继续大幅度开阀或关阀。一旦被调变量超出期望值，又急于关阀或开阀，走入反向极端。这种反复的大起大落形成了被调变量在高、低两个极端位置的反复振荡，无法将系统稳定在期望的工况上。

参数调整的正确方法是：每进行一次阀门操作，应适当等待一段时间，观察系统是否达到新的动态平衡后，权衡被调变量与期望值的差距再作新的操作。越接近期望值，越应作小量操作。这个方法看似缓慢，实则是稳定工况的最快途径。任何过程变化都是有惯性的。有经验的工人总是具备超前意识，因而操作有度，能顾及后果。

(6) 控制系统有问题立即改为手动　控制系统有问题立即切换为手动是一条操作经验。但需要说明控制系统的故障不一定出现在调节器本身，也可能出现在检测仪表或执行机构或信号线路方面。切换为手动包括直接到现场手动调整调节阀或旁路阀。

(7) 找准事故源从根本上解决问题　这是处理事故的基本原则。如果不找出事故的根源，只采用一些权宜方法处理，可能只解决一时之困，到头来问题依然存在，或者付出了更多的能耗以及产品质量下降等代价。例如，脱丁烷塔塔釜加热量过大，会导致一系列不正常的事故状态，如塔压升高、分离度变差，由于塔压是采用全凝器的冷却量控制，冷却水用量加大，导致能耗双重加大。权宜措施是用回流罐顶放空阀泄压。但这种方法只能解决塔压升高的单一问题，一旦放空阀关闭，事故又会重演。因此，必须从加热量过大的根源上解决才能彻底排除事故。当然对于复杂的流程找准事故源常常不是一件容易的事情，需要有丰富的经验、冷静的分析、及时且果断的措施，在允许的范围内甚至要作较多的对比试验。

(8) 根据物料流数据判断操作故障　从物料流数据可以判断出系统是否处于动态物料平衡状态，如不平衡问题出于何处，在同一流动管路中可能有哪些阀门未开或开度不够，是否忘记关小分流阀门导致流量偏小，管路是否出现堵塞，是否有泄漏以及泄漏可能发生的部位，装置当前处于何种运行负荷，装置当前运行是否稳定，不同物料之间的配比是否合格等。因此，操作过程中应随时关注物料流数据的变化，以便及时发现问题及时排除故障。

(9) 投联锁系统应谨慎 联锁保护控制系统是在事故状态下自动进行热态停车的自动化装置。开车过程的工况处于非正常状态，而联锁动作的触发条件是确保系统处于正常工况的逻辑关系，因此只有当系统处于联锁保护的条件之内并保持稳定后才能投联锁，否则联锁系统会频繁误动作，甚至无法实施开车。开车前操作员必须从原理上搞清楚联锁系统的功能、作用、动作机理和联锁条件，才能正确使用联锁系统。

2 化工仿真技术及仿真操作软件

2.1 认识化工仿真技术

2.1.1 仿真技术

仿真技术与计算机技术密切相关，它是以相似理论、模型理论、系统技术、信息技术以及仿真应用领域的相关专业技术为基础，以计算机系统、与应用有关的物理效应设备及仿真器为工具，利用模型系统（实际或假想的）进行研究的多学科综合性技术。根据所用模型的分类，仿真可分为物理仿真和数字仿真。物理仿真是以真实物体和系统，按一定的比例或规律进行缩小或扩大后的物理模型为实验对象，进行仿真研究。数字仿真是以真实物体或系统规律为依据，构建数学模型后，在仿真机上完成研究工作。

2.1.2 仿真技术的应用

2.1.2.1 仿真技术的工业应用

仿真系统依所服务的对象而划分为不同的行业，如航空航天、核能发电、火力发电、石油化工、冶金、轻工等。石化仿真系统是在航空航天、电站仿真系统之后，从20世纪60年代末由国外开始开发应用的，它是建立在化学工程、计算机技术、控制工程和系统工程等学科基础上的综合性实用技术。石化仿真系统是以计算机软硬件技术为基础，在深入了解石油化工各种工艺过程、设备、控制系统及其生产操作的条件下，开发出石油化工各种工艺过程与设备的动态数学模型，并将其软件化，同时设计出易于在计算机上实现而在传统教学与实践中无法实现的各种培训功能，创造出与现实生产操作十分相似的培训环境，从而让从事石油化工生产过程操作的各类人员在这样的仿真系统上操作与试验。

大量统计数字表明，学员通过数周内的系统仿真培训，可以使其取得实际现场2～5年的工作经验。因其诸多优势使其成为当前众多企业新员工和人员培训的必要技术手段。

2.1.2.2 仿真技术的专业教学应用

近年来，由于仿真技术不断进步，其在职业教育领域的应用呈星火燎原之势，仿真技术已经渗透到教学的各个领域。无论是理论教学、实验教学，还是实习教学，与传统的教学手段相比无不显示其强大的优势。当前仿真技术在化工类院校主要起如下作用。

① 帮助学生深入了解化工过程系统的操作原理，提高学生对典型化工过程的开车、运行、停车操作及事故处理的能力。

② 掌握调节器的基本操作技能，初步熟悉P、I、D参数的在线整定。

③ 掌握复杂控制系统的投运和调整技术。

④ 提高对复杂化工过程动态运行的分析和决策能力，通过仿真实习训练能够提出最优开车方案。

⑤ 在熟悉了开、停车和复杂控制系统的操作基础上，训练分析、判断事故和处理事故的能力。

⑥ 科学、严格地考核与评价学生经过训练后所达到的操作水平以及理论联系实际的能力。

⑦ 安全性。在教学过程中，学生在仿真器上进行事故训练不会发生人身危险，不会造成设备破坏和环境污染等经济损失。因此，仿真实习是一种最安全的实习方法。

2.1.3 仿真实训的一般方法

2.1.3.1 下厂认识实习

为了加强仿真实习的效果，尤其对于从未见过真实化工过程的学生而言，仿真实习前到工厂进行短期的认识实习是十分必要的。通过认识实习，学生可以了解各种化工单元设备的结构特点、空间几何形状、工艺过程的组成、控制系统的组成、管道走向、阀门的大小和位置等，从而建立起一个完整的、真实的化工过程的概念。

2.1.3.2 理论讲授工艺流程、控制系统及开车规程

在认识实习的基础上，还需采用授课的方式让学生对将要仿真实习的工艺流程、设备位号、检测控制点位号、正常工况的工艺参数范围、控制系统原理以及开车规程等知识进行讲授。必要时，可采取书画流程图填空的方法进行测验，以便了解学生对工艺流程的掌握情况。

2.1.3.3 仿真实习操作训练

在下厂认识实习、熟悉流程和开停车规程的基础上，进入仿真实习阶段。为了达到较好的仿真实习效果，一般从常见的典型化工单元操作开始，经过工段级的操作实习，最后进行大型复杂工业过程的开、停车及事故实训。同时，对于大型复杂的工业过程仿真，可采用学员联合操作的模式进行培训，以增强学生的团队配合意识。越复杂的流程系统，操作过程中可能出现的非正常工况越多，必须训练出对动态过程的综合分析能力，各变量之间的协调控制（包括手动和自动）能力，掌握时机的能力，以及对将要产生的操作和控制后果的预测能力等，才能自如地驾驭整个工艺过程。

对于复杂的工艺过程，尤其是首次仿真开车，学生出现顾此失彼的情况是正常的。教师可采用多媒体教学手段，在教师机上完成开车过程，同学们在学员站上同步地、完整地看到老师的全部开车过程。从而增强学生的自信心，激发学生的学习兴趣，体会教师所策划的开车方法，提高仿真实习的效率。

计算机图形技术是仿真技术的重要技术手段，通过对仿真模型实体的运动过程进行动画显示。利用图形描述系统的特性，采用动漫的技术手段能使学生在屏幕上直接看见仿真系统的运行过程，学生可准确地把握实际情况，在屏幕上直接看见操作错误，加深学生对系统运行概念化理解，实现教与学的互相融合。

在化工仿真训练中，通过人-机对话，能够及时地获得反馈信息，学生可主动地调整自己的学习进程和速度。教学效果得到提高的同时，也把学生从被动听讲、消极接受教师灌输知识的状态中解放出来。教师站和学生站点对点的教学功能，为因材施教提供了技术手段。

由于仿真训练评分采用反馈控制，正反馈在教学中有利于学生形成新的认识，形成良好的操作习惯。负反馈有利于对错误的认识或不良操作的纠正，排除了教与学的盲目性，使适当而有力的教学调控成为了可能，从而形成了有效的激励强化作用。

化工仿真实训系统再现了一个真实的化工过程，学生在课堂上，操纵与管理了生产中流量、温度、压力、液位、组分等数据的生成及变化。学生在反复的训练过程中，通过观察、

联想、识别、探索，从感性到理性，从直观到思维。也帮助学生对化工过程进行多方位的思考，培养学生的综合能力。学生透过各种过程参数变化的表象，初步认识化工过程运行的本质。把握化工过程控制的属性及其联系，提高认识能力。

2.1.4 化工仿真实训系统的组成

所有化工仿真实训系统均由硬件和软件＋网络系统组成。根据培训的对象和任务不同，目前主要有以下两类。

(1) 企业人员培训系统（Plant Training System，PTS）

硬件部分：一台上位机（教师指令机）＋数十台下位机（学员操作站）。

网络部分：采用点对点的拓扑形式组网。

软件部分：工艺仿真软件、仿DCS软件、操作质量评分系统软件。

主要适用于化工企业的在岗人员在职针对装置级的系统进行培训。

(2) 学生培训系统（School Teaching System，STS）

硬件部分：一台上位机（教师指令机）＋数十台下位机（学员操作站）。

网络部分：采用点对点的拓扑形式组网。

软件部分：教师站管理软件。

学员操作站：工艺仿真软件、仿DCS软件、操作质量评分系统软件。

主要适用于石油化工专业的学生教学和企业新员工的培训。

2.2 学习化工单元实习仿真培训系统的使用方法

2.2.1 仿真培训系统学员站的启动

在正常运行的计算机上，完成如下操作，启动化工单元实习仿真培训系统学员站：开始→程序→东方仿真→单击化工单元实习仿真软件（或双击桌面化工单元实习实习软件快捷图标），启动如图2-1所示学员站登录界面。

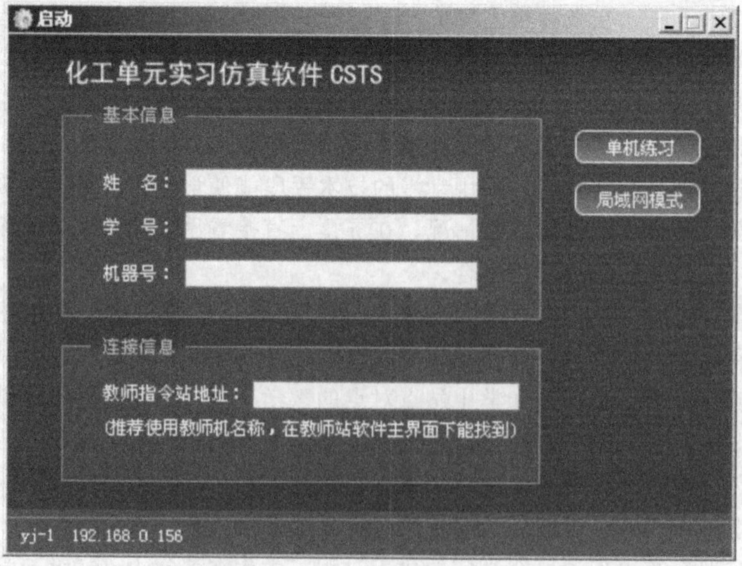

图2-1 启动界面

根据培训要求或技术条件的需要，学员可选择练习的模式。

单机练习：学员自主学习，根据统一的教学安排完成培训任务。

局域网模式：通过网络老师可对学员的培训过程统一安排、管理，使学员的学习更加有序、高效。

2.2.2 培训参数的选择

在启动的界面上，单击“单机练习”后进入培训参数选择界面如图 2-2 所示。共有如下选项：①项目类别；②培训工艺；③培训项目；④DCS 风格。

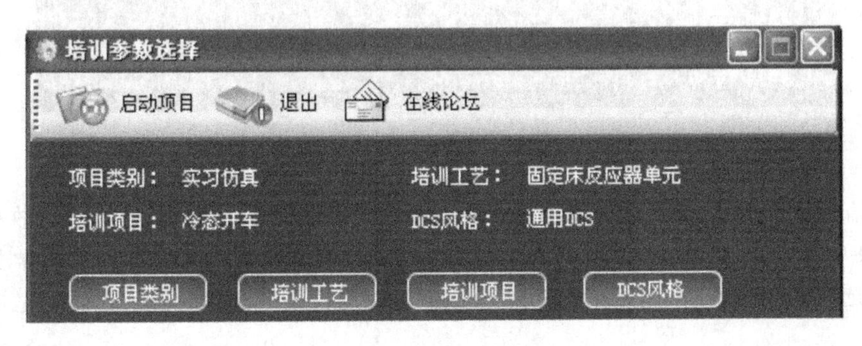

图 2-2 培训参数的选择

2.2.2.1 培训工艺的选择

仿真培训系统为学员提供了六类、十五个培训操作单元，如图 2-3 所示。根据教学计划的安排可确定培训单元，用鼠标左键点击选中单元，点击对象高亮显示，完成培训工艺选择。

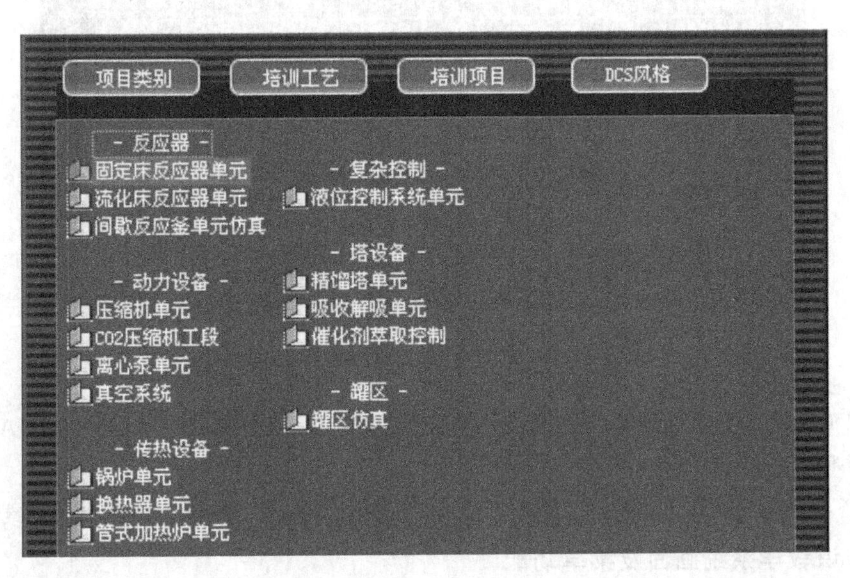

图 2-3 培训工艺的选择

2.2.2.2 培训项目的选择

完成了培训工艺的选择，单击“培训项目”，进入具体的培训项目，包括冷态开车、正常停车、事故处理等，如图 2-4 所示。

图 2-4 培训项目选项

仿真培训系统为学员提供了模拟化工生产中的冷态开车、正常开车、事故处理状态（如离心泵单元中的P101A泵坏、P101A泵汽蚀）。根据教学计划的安排，学员可选择学习需要选定培训项目，用鼠标左键点击选中单元，点击对象高亮显示，完成培训项目的选择。

2.2.2.3 DCS风格的选择

点击DCS风格选项，可以根据需要选择相应的DCS。目前本仿真软件提供通用DCS2005版、通用DCS2010版、TDC3000、CS3000、IA系统等多种风格，如图2-5所示。详细介绍见2.3节（不同厂家的DCS操作方式介绍）。

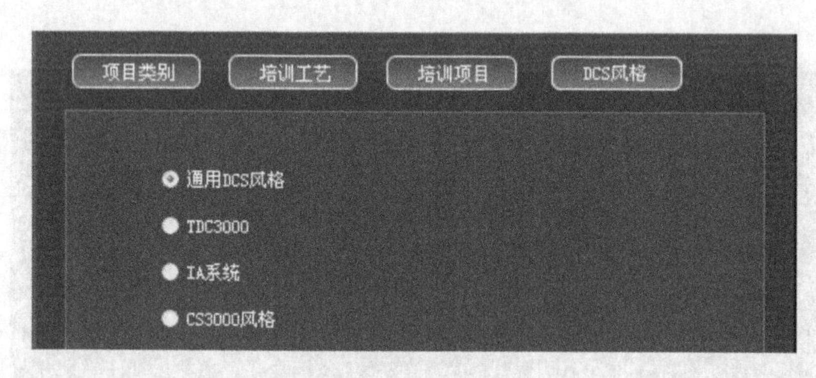

图 2-5 DCS风格

以上DCS风格中，通用DCS2005版、通用2010版、TDC3000、CS3000、IA均为标准Windows窗口。

以上各项选择完毕后，单击主界面左上角的“启动项目”图标，进入仿真教学界面。

2.2.3 认识教学系统画面及菜单功能

启动化工单元实习仿真培训系统后，其主界面是一个标准的Windows窗口。

整个界面由上、中、下和最下面四个部分组成。

· 上部是菜单栏，由工艺、画面、工具和帮助四个部分组成。

· 中部是主操作区，由若干个功能按钮组成，点击后弹出功能画面，可完成相应的任务。

• 下部是状态栏，显示当前程序运行信息，每个状态栏中均包含 DCS 图和现场图。

• 最下部是一个 Windows 任务栏和 DCS 集散控制系统和操作质量评分系统，这两个系统可以通过点击图标进行相互切换。

2.2.3.1　工艺菜单

鼠标点击主菜单上的“工艺”，弹出如图 2-6 所示下拉菜单。工艺菜单中包含了当前信息总览、重做当前任务、培训项目选择、切换工艺内容等功能。

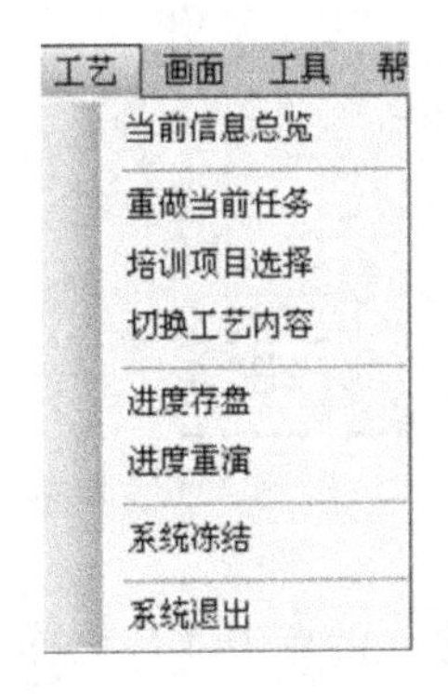

图 2-6　工艺下拉菜单

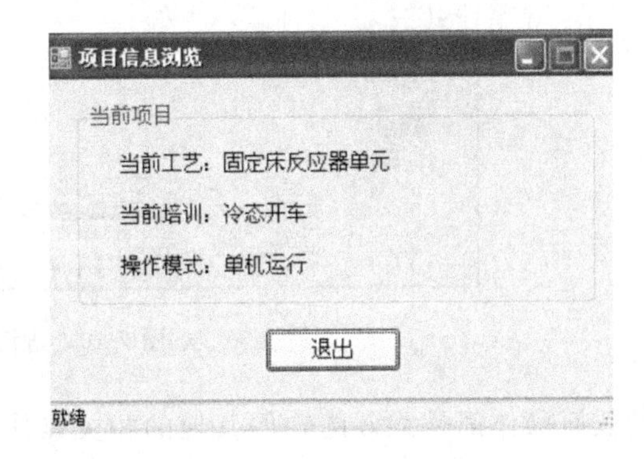

图 2-7　当前项目信息

(1) 当前信息总览　点击“当前信息总览”后，弹出如图 2-7 所示界面，显示当前项目信息，有当前工艺、当前培训和操作模式。

(2) 重做当前任务　点击“重做当前任务”选项后，系统重新初始化当前运行项目，各项数据回到当前培训项目的初始态，重新进行当前项目的培训。

(3) 培训项目选择　此选项是进行培训项目的重新选择，运行过程如图 2-8 提示，可根据图中提示完成各项操作。如确认重新选择培训项目后，出现图 2-9 界面，并重新回到图 2-3的界面，选择新的培训项目后，点击“启动项目”即可。

图 2-8　退出当前工艺

图 2-9　确认退出当前 DCS 仿真

(4) 切换工艺内容　点击“切换工艺内容”，根据图中提示完成培训工艺内容的切换或重新选择工艺内容，操作过程同上。

(5) 进度存盘和进度重演　由于项目完成时间的原因或其原因要停止当前培训状态，但又要保留当前培训信息，可用此选项完成。具体操作如图 2-10 所示，注意进度存盘的文件名是唯一的，否则会丢失相关信息。进度重演时只要点击进度存盘的文件名就可回到原培训进度。

(6) 系统冻结　点击此选项后，仿真系统的工艺过程处于“系统冻结”状态。此时，对

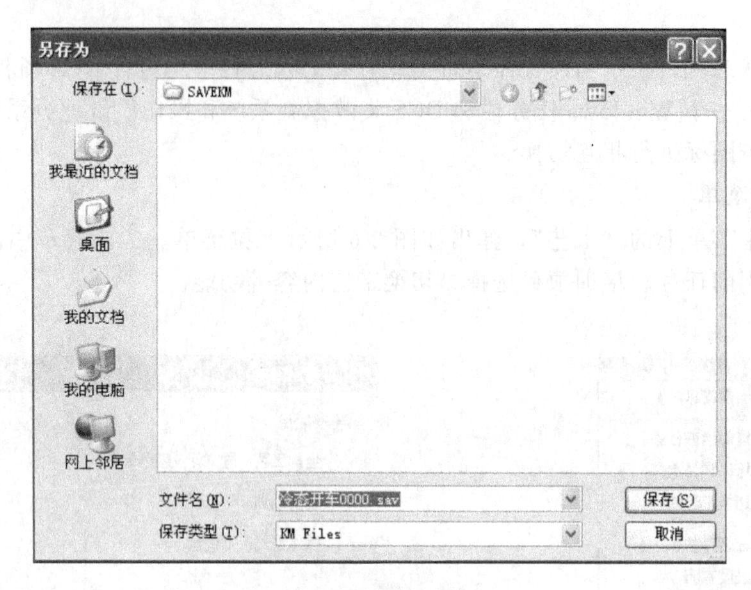

图 2-10　进度存盘

工艺的任何操作都是无效的，但其他的相关操作是不受影响的。再点击“系统冻结”选项时，系统恢复培训，各项操作正常运行。

(7) 系统退出　点击此项后，关闭化工单元实习仿真培训系统，回到 Windows 画面。

2.2.3.2　画面菜单

画面菜单：流程图画面、控制组画面、趋势画面、报警画面，如图 2-11 所示。

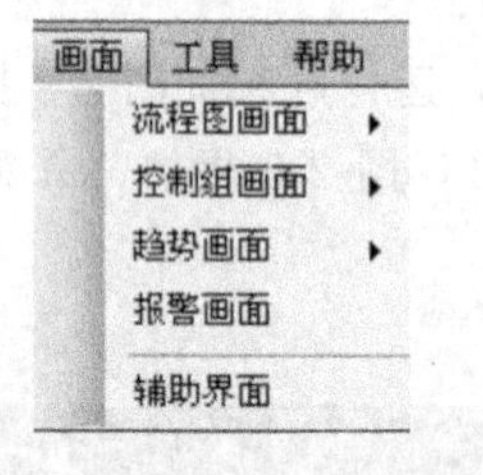

图 2-11　画面下拉菜单

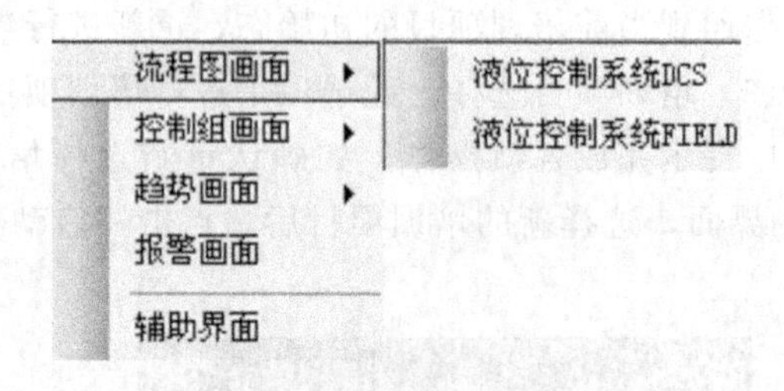

图 2-12　流程图画面

(1) 流程图画面　如图 2-12 所示流程图画面由 DCS 图画面、现场图画面组成。

流程图画面是主要的操作区域，包括了流程图、显示区域、操作区域。

・显示区域。显示了与操作有关的设备、控制系统的图形、位号、数据的实时信息等。在显示流程中的工艺变量时，采用了数字显示和图形显示两种形式。数字显示相当于现场的数字仪表，图形显示相当于现场的显示仪表。

・操作区域。完成了主控室与现场的全部手动、自动仿真操作，其操作模式采用了触屏和鼠标点击的方式。

(2) 控制组画面　如图 2-13 所示，包括流程中所有的控制仪表和显示仪表。对应的每一块仪表反映了以下信息。

・仪表信息。控制点的位号、变量描述、相应指标（PV、SP、OP）。

・操作状态。手动、自动、串级、程序控制。

(3) 趋势画面　如图 2-14 所示，反映了当前控制组画面中的控制对象的实时或历史趋势，由若干个趋势图组成。趋势图的横标表示时间，纵标表示变量。一幅画面可同时显示八个变量的趋势，分别用不同的颜色表示，每一个被测变量的位号、描述、测量值、单位等，可用图中的箭头移动查看任一变量的运行趋势。如图 2-15 所示。

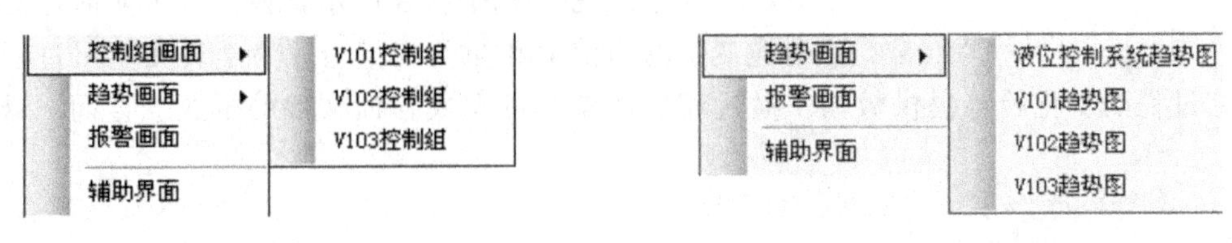

图 2-13　控制组画面　　图 2-14　趋势画面

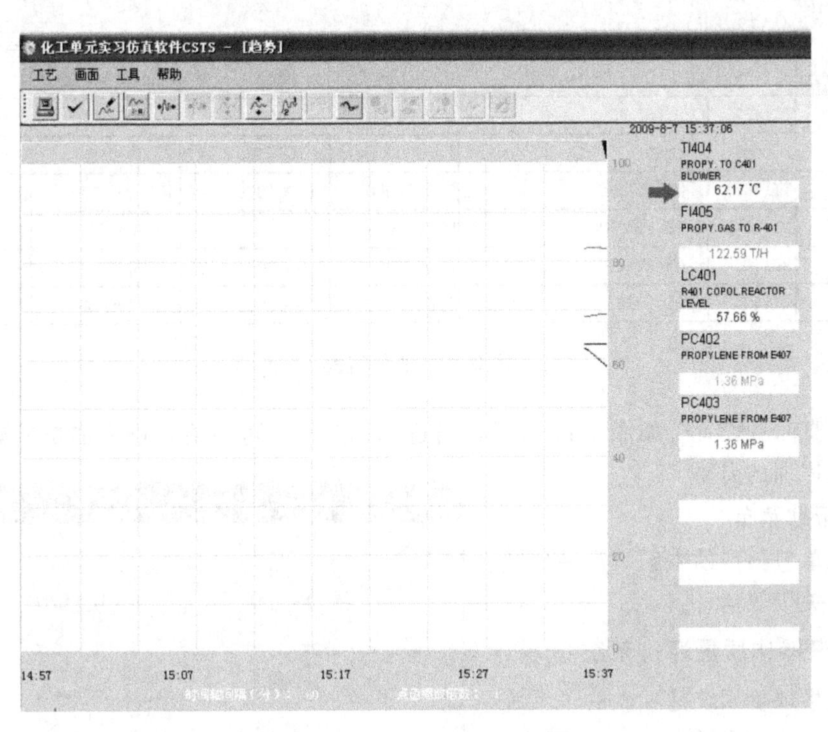

图 2-15　趋势图

(4) 报警画面　点击“报警画面”出现如图 2-16 所示窗口，在报警列表中，列出了报警时间、报警占的工位号、报警点的描述、报警的级别。一般分为四个级别：高高报（HH）、高报（HI）、低报（LO）、低低报（LL）。以上报警值均为发生报警值时的工艺指

化工单元实习仿真软件CSTS - [报警]

工艺　画面　工具　帮助

09-8-7	15:57:43	FI404	PROPYLENE TO R401	PVLO	200.00
09-8-7	15:56:27	JI401	C401 RECYCLE COMPRESSOR	PVHI	320.00
09-8-7	15:56:27	LI402	R401 COPOL.REACTOR LEVEL	PVHI	80.00
09-8-7	15:56:27	FI402	HYDROGEN TO R401	PVHI	0.08
09-8-7	15:56:27	PDI401	PRESSURE DROP ON C401	PVLO	0.40
09-8-7	15:56:27	AC402	H2/C2 RATIO IN R401	PVLO	0.20

图 2-16　报警画面

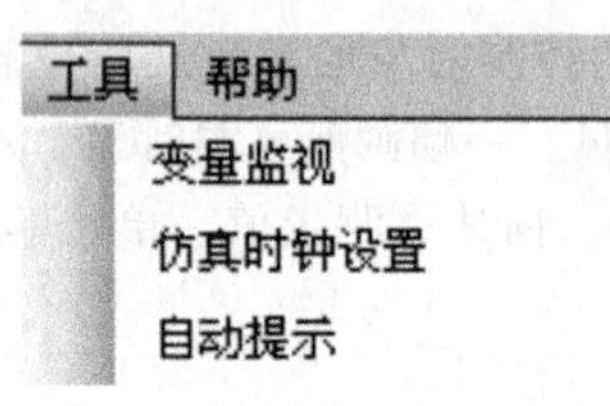

图 2-17 工具菜单

标当前值。

2.2.3.3 工具菜单

工具菜单包括变量监视、仿真时钟设置，如图 2-17 所示。

（1）变量监视 如图 2-18 所示，该窗口可实时监测各个点对应变量的当前值和当前变量值，为学员在学习过程中判断工艺过程的变化趋势提供数据。通过相应的菜单可完成培训文件的生成、查询、退出等操作。

变量监视

文件 查询

	ID	点名	描述	当前点值	当前变量值	点值上限	点值下限
▶	1	FT1425	CONTROL C2H2	0.000000	0.000000	70000.000000	0.000000
	2	FT1427	CONTROL H2	0.000000	0.000000	300.000000	0.000000
	3	TC1466	CONTROL T	25.000000	25.000000	80.000000	0.000000
	4	TI1467A	T OF ER424A	25.000000	25.000000	400.000000	0.000000
	5	TI1467B	T OF ER424B	25.000000	25.000000	400.000000	0.000000
	6	PC1426	P OF EV429	0.030000	0.030000	1.000000	0.000000
	7	LI1426	H OF 1426	0.000000	0.000000	100.000000	0.000000

图 2-18 变量监视

（2）仿真时钟设置 如图 2-19 所示，通过选择时标，可使仿真进程加快或减慢，从而满足教学和培训的需要。

2.2.3.4 帮助菜单

帮助菜单包括帮助主题、产品反馈、激活管理、关于等信息。

2.2.4 认识操作质量评价系统

操作质量评价系统是独立的子系统，它和化工单元实习仿真培训系统同步启动。可以对学员的操作过程进行实时跟踪，对组态结果进行分析诊断，对学员的操作过程、步骤进行评定。最后将评断结果一一列举，显示在如图 2-20 所示信息框中。

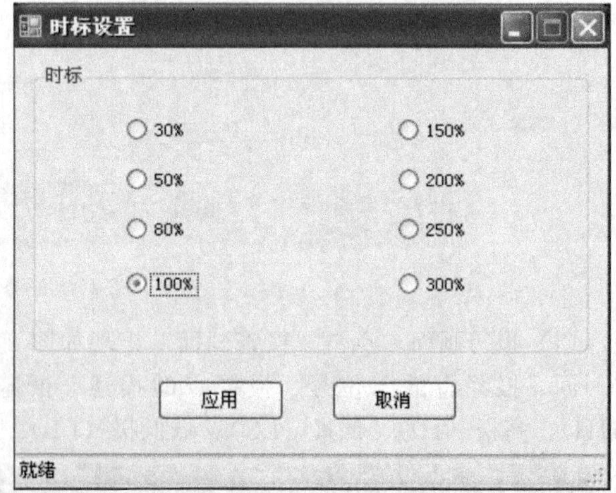

图 2-19 仿真时钟设置

在操作质量评价系统中，详细地列出当前对象的具体操作步骤，每一步诊断信息，采用得失分的形式显示在界面上。在质量诊断栏目中，显示操作的起始条件和终止条件，以有利于学员的操作、分析、判断。

2.2.4.1 操作状态说明

在操作质量评价系统中，系统对当前对象的操作步骤、操作质量采用不同的颜色、图标表示。具体方法见表 2-1、表 2-2。

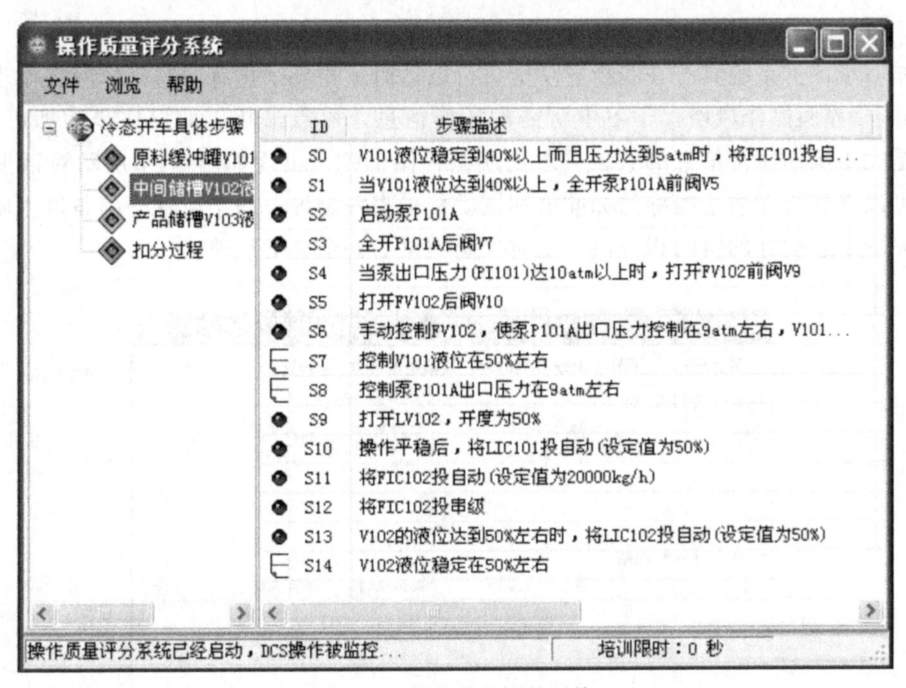

图 2-20　操作质量评价系统

(1) 操作步骤状态图标及提示

表 2-1　操作步骤状态及提示一览表

图标	说　明	备　注
	起始条件不满足,不参与过程评分	红色
	起始条件满足,开始对过程中的步骤进行评分	绿色
	一般步骤,没有满足操作条件,不可强行操作	红色
	一般步骤,满足操作条件,但操作步骤没有完成,可操作	绿色
	操作已经完成,操作完全正确	得满分
	操作已经完成,但操作错误	得 0 分
	条件满足,过程终止	强迫结束

(2) 操作质量状态图标及提示

表 2-2　操作质量状态及提示一览表

图标	说　明	备　注
	起始条件不满足,质量分没有开始评分	
	起始条件满足,质量分开始记评分	无终止条件时,始终处于评分状态
	条件满足,过程终止	强迫结束
	扣分步骤,从已得总分中扣分,提示相关指标的高限。操作严重不当,引发重大事故	关键步骤
	条件满足,但出现严重失误的操作	开始扣分

2.2.4.2 操作方法指导

操作质量评价系统具有在线指导功能，可以适时地指导学员练习。具体的操作步骤采用了 Windows 界面操作风格，学习中所需的操作信息，可点击相应的操作步骤即可。此处，注意的是关于操作质量信息的获取。双击质量栏图标⊟，出现如图 2-21 所示对话框，通过对话框可以查看所需质量指标的标准值和该质量步骤开始评分与结束评分的条件。质量评分是对所控制工艺指标的时间积分值，是对控制质量的一个直观反映。

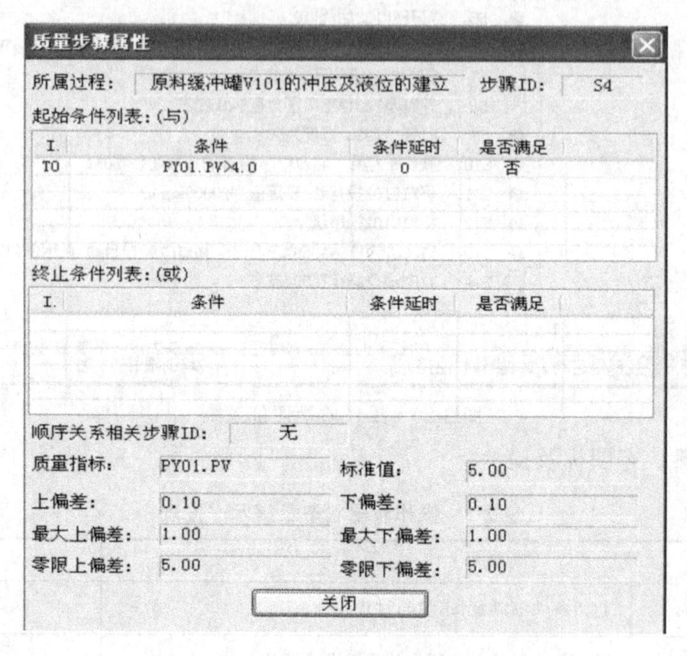

图 2-21 操作质量信息对话框

2.2.4.3 操作诊断

由于操作质量评价系统是一个智能化的在线诊断系统，所以系统可以对操作过程进行实时的跟踪评判，并将评判的结果实时地显示在界面上。学员在学习过程中，可根据学习的需要对操作过程的步骤和质量逐一加以研读。统计各种操作错误信息，学员可以及时地查找错误的原因，并对出现错误的步骤和质量操作加以强化，从而达到学习的效果。具体信息如图 2-22 所示。

2.2.4.4 操作评定

操作质量评价系统在对操作过程进行实时跟踪的同时，不仅对每一步进行评判，而且对评判的结果进行定量计分，并对整个学习过程进行综合评分。系统将所有的评判分数加以综合，可以采用文本格式或电子表格生成评分文件。

2.2.4.5 其他辅助功能

① 生成学员成绩单。

② 学员成绩单的读取和保存。

③ 退出系统。

④ 帮助信息。

以上操作均采用 Windows 风格操作。

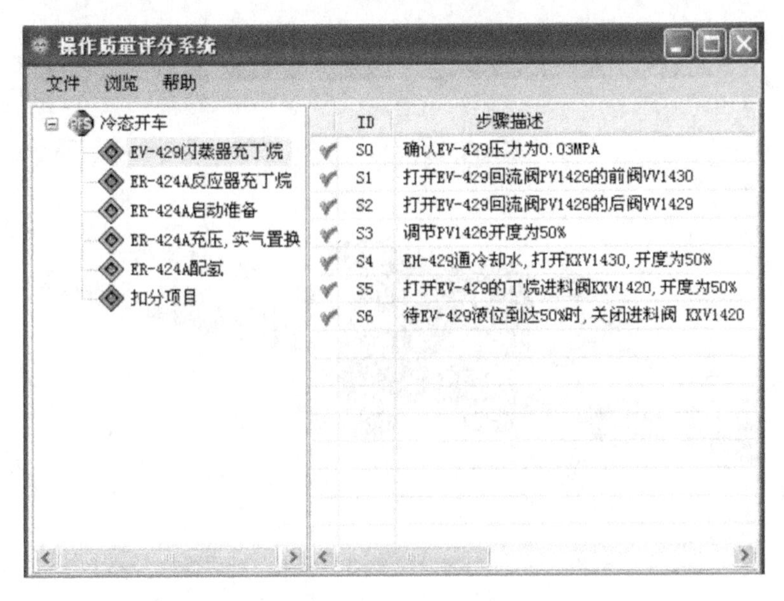

图 2-22 操作过程评判结果

2.2.5 仿真培训系统的正常退出

完成正常的各项仿真培训后，可从培训参数界面（图 2-23），或从工艺菜单下选择退出。

图 2-23 仿真培训系统的正常退出

2.3 不同厂家的 DCS 操作方式介绍

对于不同风格的操作系统，会出现不同的操作方式，本书选择目前化工行业中主流 DCS 系统进行介绍。

这几种 DCS 分别是通用 DCS2005 版、通用 DCS2010 版和 TDC3000 风格的操作系统。

仿真软件中的 DCS 和工厂实际使用 DCS 最大的区别之处在于，仿真软件中有现场图画面，其作用就是把实际生产中的需要现场的真实设备微缩在一张图（现场图）中，否则仿真系统无法形成一个连续的工艺，无法进行模拟。

2.3.1 通用 DCS2005 版

在通用 DCS2005 版中，画面可分为四个区域，上方为菜单选项，主体为主操作区域，下方为功能按钮和程序运行当前信息。

通用 DCS2005 版在运行中，采用弹出不同的 Windows 标准对话框、显示控制面板的形式完成手动和自动操作。如图 2-24～图 2-26 所示。

图 2-24 “泵、全开全关的手动阀”对话框

图 2-25 “可调阀”对话框

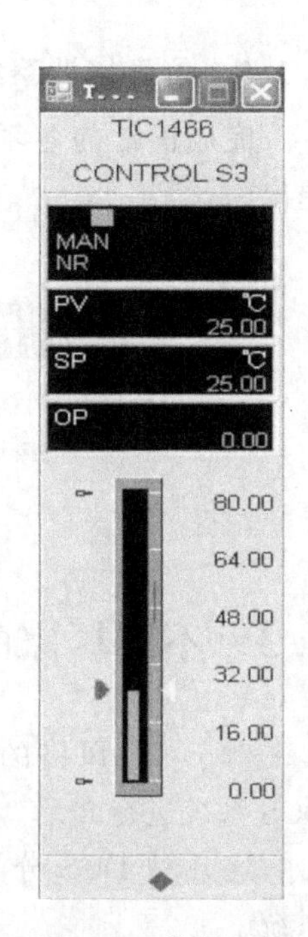

图 2-26 控制面板

① 图 2-24 所示对话框主要用于泵、全开全关的手动阀，点击“打开”按钮可完成泵、阀的开、关操作。

② 图 2-25 所示对话框主要用于设置阀门的开度，阀门的开度（OP）为 0～100%。可直接输入数据，按下回车键确认；也可以点击“开大”、“关小”按钮，点击一次，阀位以 5%的量增减。

③ 控制面板对话框如图 2-26 所示，在此面板上显示了控制对象的所有信息和控制手段。控制变量参数见表 2-3。

表 2-3 通用 DCS 风格控制面板信息一览表

变量参数	PV(测量值)	SP(设定值)	OP(输出值)
控制模式	MAN(手动)	AUT(自动)	CAS(串级)

以上操作均为所见即所得的 Windows 界面操作方式，但每一项操作完成后，按回车键确认后才有效，否则各项设置无效。

2.3.2 TDC3000 系统

TDC3000 系统运行后，界面可分为三个区域，上方为菜单栏，中部为主要画面显示区域，操作区域位于画面的底部。

TDC3000 风格的操作系统共有三种形式的操作界面。图 2-27 的操作界面主要是显示控制回路中所控制的变量参数及控制模式；图 2-28、图 2-29 主要显示需手动开启的泵、阀门开关。

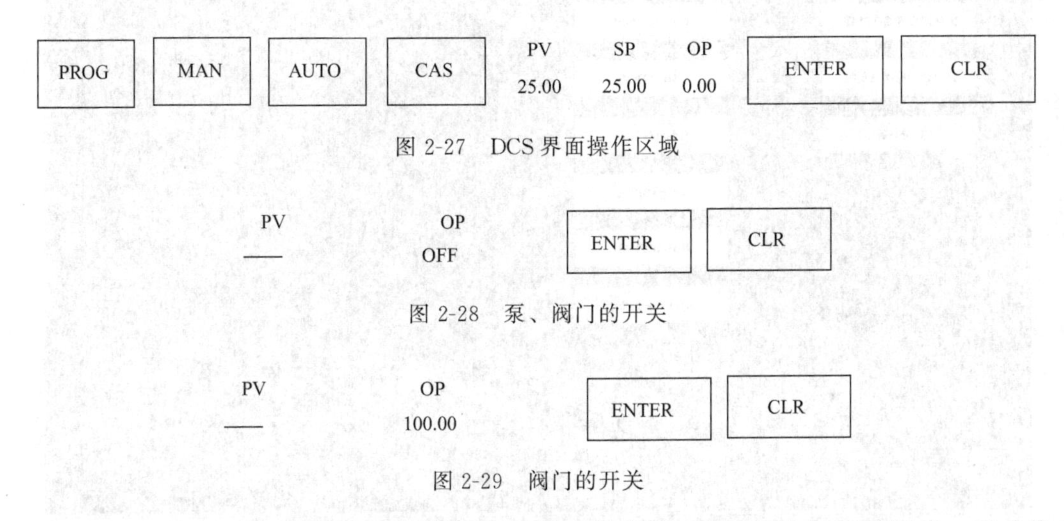

图 2-27 DCS 界面操作区域

图 2-28 泵、阀门的开关

图 2-29 阀门的开关

如表 2-4 所示，在操作区点击控制模式按钮可完成手动/自动/串级方式切换，手动状态下可完成输出值的输入等。

表 2-4 TDC3000 风格控制面板信息一览表

变量参数	PV(测量值)	SP(设定值)	OP(输出值)
控制模式	MAN(手动)	AUT(自动)	CAS(串级)

图 2-28 操作界面的功能是设置泵、阀门的开关（全开、全关型），点击“OP”，按其提示完成操作。以上操作均需点击“ENTER”或键盘回车才有效，点击“CLR”操作界面清除。

图 2-29 操作界面的功能是设置现场图中可调阀门的开度，点击“OP”，按其提示完成操作。以上操作均需点击“ENTER”或键盘回车才有效，点击“CLR”操作界面清除。

2.3.3 通用 DCS2010 版

长期以来，北京东方仿真公司通过与各类化工企业的合作，对化工企业的技术动态一直保持着比较深入的了解。随着工业用 DCS 的不断发展，仿真软件的 DCS 功能也需要不断的更新，以保证学员培训效果，力求满足各院校学员培训与就业的无缝对接。为此，东方仿真在2010年推出了新版DCS系统——通用DCS 2010版。

2.3.3.1 2010版DCS系统界面说明

2010版DCS系统启动后，主界面主要分为三个大的区域：区域一是窗体标题栏。区域二是系统操作区，上侧区域是系统常规功能操作区，主要有界面切换和系统菜单；下侧区域是系统信息显示和操作区，主要有软件激活状态、授权、系统时间、工艺报警列表、点值查询等的显示和操作功能。区域三是主操作区，主要显示仿真工艺界面，对工艺的操作主要集中在这个区域上，如图2-30所示。

图2-30 通用2010版DCS画面

其中区域一、区域二在工艺操作过程中，基本上是保持不变的。这和以往DCS版本性质一样，有固定不变的窗体标题栏区域和系统操作区，也有界面不断变化的主操作区域。

2.3.3.2 功能按钮介绍

在通用2010版的DCS启动后，画面的顶部和底部分别是相应的快捷按钮栏，如图2-31所示。相应按钮的功能详见表2-5。

图2-31 2010版DCS图标

表 2-5 相应按钮的功能说明

图 标	功 能
	单击该按钮回到总貌图画面
 Back	“后退”翻页按钮，单击表示按历史操作页面顺序后翻页
Back	置灰情况下表示不可用
	“前进”翻页按钮，单击表示按历史操作页面顺序前翻页
	置灰情况下表示不可用
	“前进”翻页按钮，单击表示按固定页面顺序后翻页，页面顺序是开发组态时制定的
	“后退”翻页按钮，单击表示按固定页面顺序前翻页，页面顺序是开发组态时制定的
	调用趋势界面，从此调出的趋势界面默认没有任何点的趋势，需要手动添加
 Process Reset	“工艺重置”，确认所有报警
 Over ride	摘除联锁条件，该功能暂时不提供
 Oos	摘除联锁信号，该功能暂时不提供
	截屏按钮
	“帮助文档”按钮
	系统菜单按钮和下拉菜单按钮
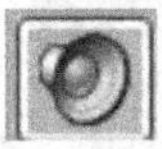	报警声开启和关闭钮
	历史报警列表
	报警列表
	点查询
	激活状态显示图标。明亮的状态表示已激活成功，灰暗的状态表示激活失败

19/09/2010	14:08:42	C401 RECYCLE COMPRESSOR	JI401_LO_ALM	LOW
19/09/2010	14:08:42	PROPYLENE EOM E407	PI402_LO_ALM	LOW
19/09/2010	14:08:42	PROPYLENE FROM E407	PI403_LO_ALM	LOW

最新实时报警表单

2.3.3.3 通用 2010 版 DCS 操作说明

(1) PID 控制器的操作　在通用 2010 版的 PID 控制器中同样采用标准的 Windows 窗口，如图 2-32 所示。

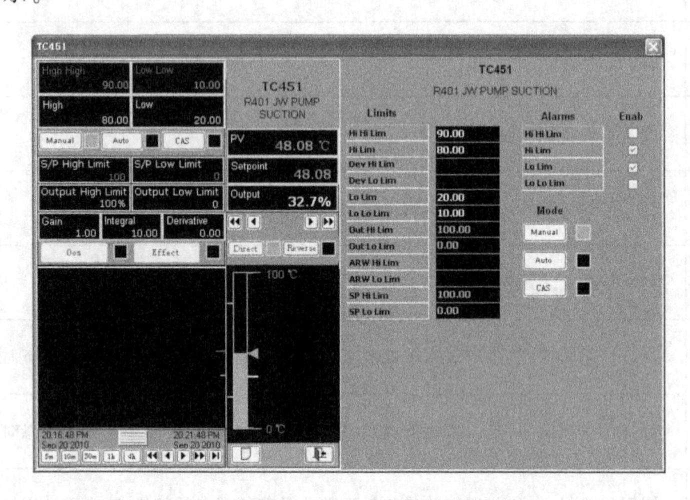

图 2-32　通用 DCS2010 版 PID 控制器

PID 控制器中各功能按钮的作用见表 2-6。

表 2-6　PID 控制器功能按钮介绍

按钮图标	功能作用
High High 90.00 / Low Low 10.00 / High 80.00 / Low 20.00	显示该控制点的报警值；点击报警值后可以重新设置 橘黄色：高报或低报已触发状态 红色：高高报或低低报已触发状态 白色：工艺值在正常范围 报警条件摘除：报警条件被摘除时，显示红色“trip”
Manual / Auto / CAS	PID 控制器的手动、自动、串级设置钮
S/P High Limit 100 / S/P Low Limit 0	设定值的上下限
Output High Limit 100% / Output Low Limit 0	输出值的上下限值
Gain 1.00 / Integral 10.00 / Derivative 0.00	PID 参数设置（比例增益/积分时间/微分时间）
Oos	点击可摘除报警描述表中所有报警条件。条件摘除后，报警不能触发 ESD 系统，报警也不在产生，直至重新投用触发（该功能本仿真系统目前未作）
Effect	影响该模拟量触发的条件列表按钮（该功能本仿真系统目前未作）
PV 48.08 ℃	PV 值，实际测量值
Setpoint 48.08	SP 值，设定值

续表

按钮图标	功能作用
 Output 32.7%	OP值，输出值
	输出值粗调，微调按钮
 Direct Reverse	PID控制器的正反方向设置钮
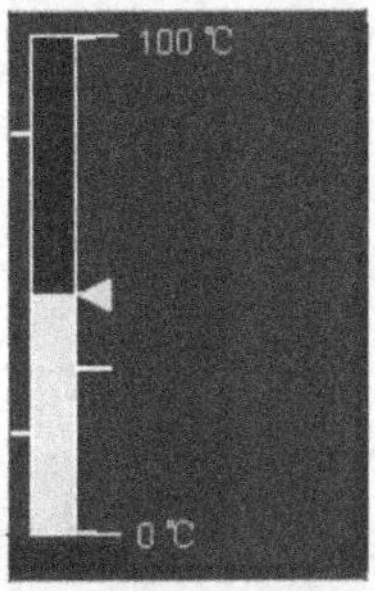 100℃ 0℃	黄色线：高低报警设定值 绿色线：变量当前值PV 白色：控制器输出值OP 白色（短线）：控制器输出OP限制值 蓝色：设置SP值 蓝色（短线）：设置SP限制值
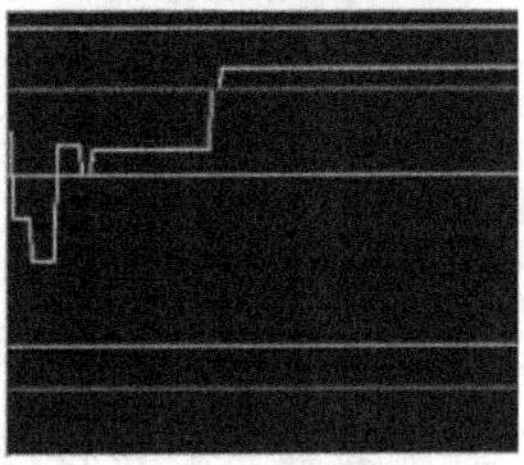	该控制点的趋势曲线 蓝色线：表示工艺变量当前测量值 橘黄色：表示高报、低报设定值 红色线：高高报、低低报设定值
	报警线在趋势图上的显示开关
 5m 10m 30m 1h 4h	趋势曲线在窗口的显示时间，5min、10min、30min、1h、4h
	趋势曲线时间左移、右移50%或100%，以及显示当前趋势
	弹出控制点参数显示列表
	退出控制面板

（2）现场图中的设备控制方式　在通用DCS2010版的现场图中针对不同种类的泵、阀有两种控制方式，均弹出标准的Windows对话框，详见图2-33、图2-34。

图2-33操作界面的功能是设置泵、阀门的开关（全开、全关型），点击“Open”，打开设备，点击“Close”，关闭设备。

图2-34操作界面的功能是设置现场图中可调阀门的开度，点击“OP”；弹出数字输入框，如图2-35所示，用鼠标点击相应的数字，输入相应的阀门开度，点击“OK”系统接受更改。点击“Cancle”按钮用于清除输入框中的数字。

图 2-33 泵、阀门开关界面

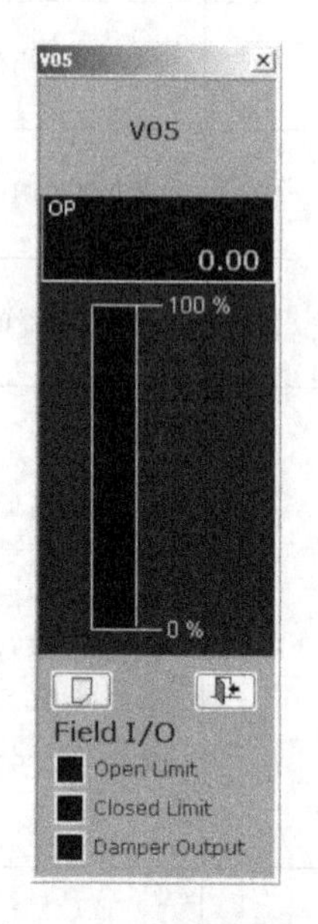

图 2-34 可调阀门界面

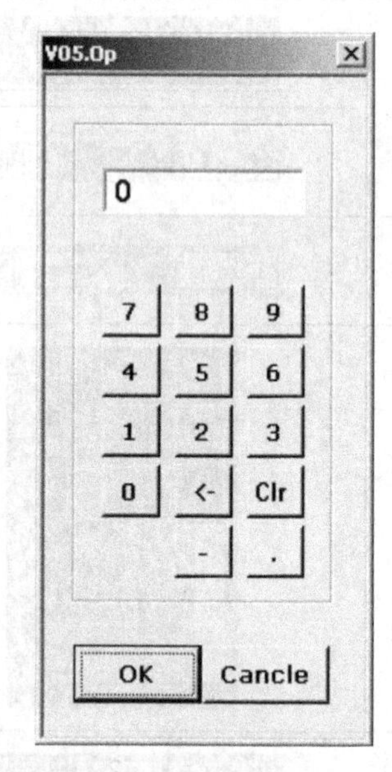

图 2-35 数字输入框

2.4 认识专用操作键盘

当前化工行业主流的专业操作键盘是 TDC3000 专用、通用键盘，本教材以 TDC3000 专用键盘为例说明其用法。

2.4.1 TDC3000 专用键盘

(1) 键盘实物图 如图 2-36 所示。

图 2-36 TDC3000 专用键盘

(2) TDC3000 布置图 如图 2-37 所示。

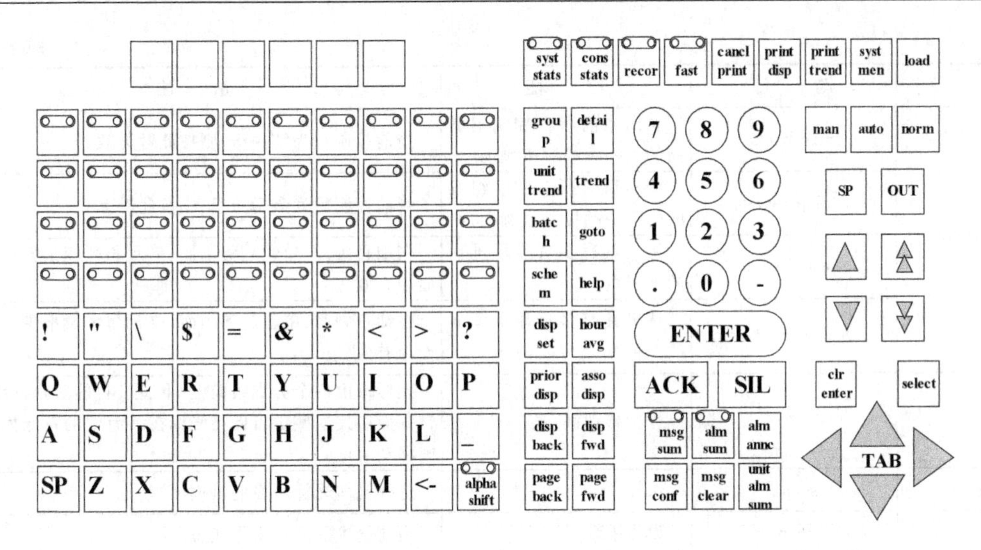

图 2-37　TDC3000 新专用键盘布置图

（3）键盘各键功能说明　如表 2-7 所示。

表 2-7　TDC3000 键盘各键功能一览表

类　型	键　名	功　能	备　注
可组态功能键	生产厂家根据用户需要在此定义的组态图，键名由使用厂自行定义	直接调出分配给键的画面	可组态的功能键包括键盘左半部最上面的六个不带灯的键及下面四排带报警灯的功能键。其 46 个键可通过组态定义成某一幅画面，在操作时可直接通过该键调出分配给该键的画面 带报警灯的键可以反映出该画面的报警状态，黄灯亮表示该画面有高报，红灯亮表示该画面有紧急报警
字符键	SP	用来输入一个空格	键盘左侧下部四排键为字符键，可通过这些可键输入相应的 ASCII 码字符
	←	退格键	
	alpha shift	字符键/功能键/切换键	
系统功能键			系统功能键为键盘右侧最上面一排键，在仿真培训系统中这些键没有定义
输入确认键	ENTER	确认输入信息	用于数据输入状态下
输入清除键	clr enter	清除当前输入框中的信息	只能清除没有确认的输入信息
画面调用键	group	调出控制组画面	按此键，屏幕上提示 ENTER GROUP NUMBER，用户输入组号，按 ENTER 键确认后，调出该控制组画面
	detail	调出细目画面	输入控制点位号，确认
	unit trend	单元趋势图	输入单元后，确认
	trend	调出所选点的趋势曲线	在控制组和趋势组画面下可用
	batch		未定义
	goto	选择仪表	在控制组画面中用于选择要选中的仪表
	schem	流程图调用	
	help	调出当前相关帮助信息	系统组态时定义
	disp set		未定义
	hour avg	控制组画面显示切换成相应的小时平均值画面	在控制组画面中可用
	prior disp	调出在当前画面调入前显示的一幅画面	
	asso disp	调出当前画面的相关画面	组态时决定

续表

类　型	键　名	功　能	备　注
画面调用键	disp back	调出当前所在控制组画面的上一幅控制组画面	当前控制组为第一组，则按此键无效
	disp fwd	调出当前所在控制组画面的下一幅控制组画面	当前控制组为最后一组，则按此键无效
	page back	调出具有多页显示画面的下一页	在细目画面、单元趋势画面、单元和区域报警信息画面中有效
	page fwd	调出具有多页显示画面的上一页	在细目画面、单元趋势画面、单元和区域报警信息画面中有效
光标键	◄▲▼►	光标移动键	光标键由四个分别指向上、下、左、右的三角形组成，在画面中按这些键可以使光标在画面中的各触摸区之间移动
选择键	select	选择	选择当前光标所在的触摸区
回路操作键	man	设为手动	当前选中的回路操作状态
	auto	设为自动	当前回路操作状态
	norm	设为正常的操作状态	当前回路操作状态设为正常的操作状态
	SP	呼出设定值输入框	
	OUT	呼出输出值输入框	
	▲	值增加	将正在修改的值增加 0.2%
	▼	值减少	将正在修改的值减少 0.2%
	▲▲	值增加	将正在修改的值增加 4%
	▼▼	值减少	将正在修改的值减少 4%

2.4.2 CS3000 键盘

CS3000 专用键盘如图 2-38 所示。

图 2-38　CS3000 专用键盘

2.4.3 I/A 专用键盘

I/A 专用键盘如图 2-39 所示。

图 2-39 I/A 专用键盘

3 离心泵操作技术

3.1 离心泵操作原理

离心泵的作用是提高所输送工艺物料的压力，以实现工艺物料恒流量的远距离的输送，从低处送向高处，从低压设备送向高压设备，并保证设备的正常与安全运行。

3.1.1 离心泵的结构与工作原理

3.1.1.1 离心泵的主要部件

（1）叶轮　叶轮是离心泵的核心部件，由4～8片的叶片组成，构成了数目相同的液体通道。按有无盖板分为开式、半开式和闭式（见图3-1）。

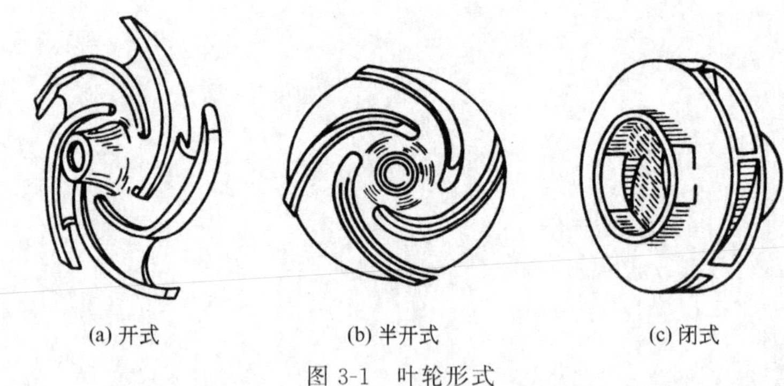

(a) 开式　(b) 半开式　(c) 闭式

图3-1　叶轮形式

（2）泵壳　泵体的外壳，它包围叶轮，在叶轮四周开成一个截面积逐渐扩大的蜗牛壳形通道。此外，泵壳还设有与叶轮所在平面垂直的入口和切线出口。

（3）泵轴　位于叶轮中心且与叶轮所在平面垂直的一根轴。它由电机带动旋转，以带动叶轮旋转。

（4）轴封装置　旋转的泵轴与固定的泵壳之间的密封，称为轴封。它的作用是防止高压液体在泵内沿轴漏出，或者外界空气沿轴进入泵内。常用的轴封装置有填料密封和机械密封两种。

3.1.1.2 离心泵的工作原理

① 叶轮被泵轴带动旋转，对位于叶片间的流体做功，流体受离心力的作用，由叶轮中心被抛向外围。当流体到达叶轮外周时，流速非常高。

② 泵壳汇集从各叶片间被抛出的液体，这些液体在壳内顺着蜗壳形通道逐渐扩大的方向流动，使流体的动能转化为静压能，减小能量损失。所以泵壳的作用不仅在于汇集液体，它更是一个能量转换装置。

③ 液体吸上原理：依靠叶轮高速旋转，迫使叶轮中心的液体以很高的速度被抛开，从而在叶轮中心形成低压，低位槽中的液体因此被源源不断地吸上。

④ 叶轮外周安装导轮，使泵内液体能量转换效率高。导轮是位于叶轮外周的固定的带叶片的环。这些叶片的弯曲方向与叶轮叶片的弯曲方向相反，其弯曲角度正好与液体从叶轮

流出的方向相适应，引导液体在泵壳通道内平稳地改变方向，使能量损耗最小，动压能转换为静压能的效率高。

⑤ 后盖板上的平衡孔消除轴向推力。离开叶轮周边的液体压力已经较高，有一部分会渗到叶轮后盖板后侧，而叶轮前侧液体入口处为低压，因而产生了将叶轮推向泵入口一侧的轴向推力。这容易引起叶轮与泵壳接触处的磨损，严重时还会产生振动。平衡孔使一部分高压液体泄露到低压区，减轻叶轮前后的压力差。但由此也会引起泵效率的降低。

离心泵输送流体过程可以用如下示意表示：

$$\text{常压流体}\xrightarrow[\text{所造成的负压}]{\text{流体被甩出后}}\text{低速流体}\xrightarrow[\text{的离心力}]{\text{机械旋转}}\text{高速流体}\xrightarrow[\text{泵壳通道}]{\text{逐渐扩大的}}\text{高压流体}$$

3.1.1.3　离心泵的主要性能参数

离心泵的性能参数是用以描述一台离心泵的一组物理量。

(1)（叶轮）转速 n　1000～3000r/min；2900r/min 最常见。取决于所选用的原动机。

(2) 流量 q_V　以体积流量来表示的泵的输液能力，与叶轮结构、尺寸和转速有关。

(3) 压头（扬程）H　泵向单位重量流体提供的机械能。与流量、叶轮结构、尺寸和转速有关。扬程并不代表升举高度。

(4) 功率

① 有效功率 N_e：离心泵单位时间内对流体做的功——$N_e = Hq_V\rho g$；

② 轴功率 N：单位时间内由电机输入离心泵的能量，与原动机的负载能力有关。

(5) 效率 η　由于以下三方面的原因：①容积损失；②水力损失；③机械损失。电机传给泵的能量不可能 100%地传给液体，因此离心泵都有一个效率的问题，它反映了泵对外加能量的利用程度：$\eta = N_e/N$。

3.1.2　本实训单元的工艺流程

如图 3-2 所示，来自某一设备约 40℃的带压液体经调节阀 LV101 进入带压罐 V101，罐液

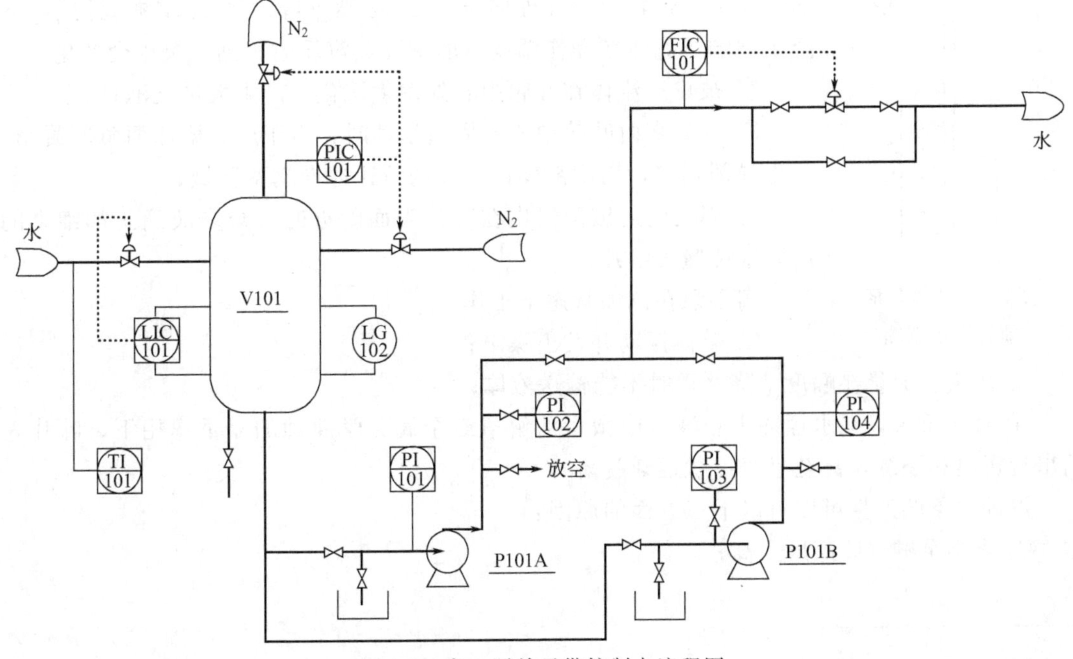

图 3-2　离心泵单元带控制点流程图

位由液位控制器 LIC101 通过调节 V101 的进料量来控制；罐内压力由 PIC101 分程控制，PV101A、PV101B分别调节进入 V101 和出 V101 的氮气量，从而保持罐压恒定在 5.0atm[1]（表）。罐内液体由泵 P101A/B 抽出，泵出口流量在流量调节器 FIC101 的控制下输送到其他设备。

3.1.3 离心泵操作注意事项

3.1.3.1 气缚现象

如果离心泵在启动前壳内充满的是气体，则启动后叶轮中心气体被抛时不能在该处形成足够大的真空度，这样槽内液体便不能被吸上。这一现象称为气缚。

为防止气缚现象的发生，离心泵启动前要用外来的液体将泵壳内空间灌满。这一步操作称为灌泵。为防止灌入泵壳内的液体因重力流入低位槽内，在泵吸入管路的入口处装有止逆阀（底阀）；如果泵的位置低于槽内液面，则启动时无需特意灌泵，只需打开进出口阀门，使液体自动流入泵内。

造成气缚现象的实质是泵壳内有气体的存在。气体的来源一是启泵时未灌泵；二是外界空气的渗入，由于泵壳处于低压状态，泵壳的密封不好就会有空气渗入，此外泵的入口管线及吸入口高于液面（即抽空）；三是入口流体部分气化。

因此，防止气缚现象的发生，应确保轴封装置密封良好，同时要防止吸入管线的跑冒滴漏现象，严格控制入口流体的温度。对于泵前缓冲罐的液面要保持稳定，防止抽空。

3.1.3.2 汽蚀现象

对如图 3-3 所示的入口管线，在 s 和 k 间列柏努利方程，可得：

$$\frac{p_s}{\rho g}=z_s+\frac{p_k}{\rho g}+\frac{u^2}{2g}+\sum_{s\text{-}k}h_f$$

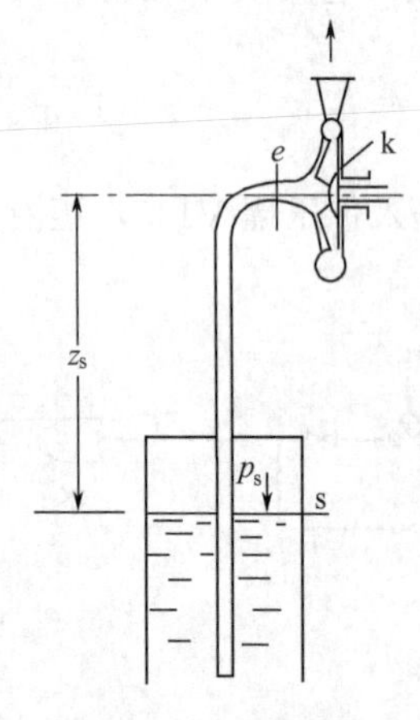

图 3-3 离心泵泵前管线示意图

对于确定的管路，当被输送流体也一定时，若增加泵的安装高度 z_s，则入口管线的压头损失也增加。在贮槽液面上方压力 p_s 一定的情况下，叶轮中心 k 处的压力 p_k 必然下降。当 z_s 增加到使 p_k 下降至被输送流体在操作温度下的饱和蒸汽压时，则在泵内会产生：

① 被输送流体在叶轮中心处发生汽化，产生大量气泡；

② 气泡在由叶轮中心向周边运动时，由于压力增加而急剧凝结，产生局部真空，周围液体以很高的流速冲向真空区域；

③ 当气泡的破碎发生在叶片表面附近时，众多液滴犹如细小的高频水锤撞击叶片。

离心泵在汽蚀状态下工作：

① 泵体振动并发出噪声；

② 压头、流量在幅度下降严重时不能输送液体；

③ 时间长久，在水锤冲击和液体中微量溶解氧对金属化学腐蚀的双重作用下，叶片表面出现斑痕和裂缝，甚至呈海绵状逐渐脱落。

汽蚀现象的产生可以有以下三方面的原因：

① 离心泵的安装高度太高；

---

[1] 1atm=101325Pa，全书同。

② 被输送流体的温度太高，液体易挥发；

③ 吸入管路的阻力或压头损失太高。

由此，一个原先操作正常的泵也可能由于操作条件的变化而产生汽蚀，如被输送物料的温度升高，或吸入管线部分堵塞。

3.1.4 离心泵的控制

对于离心泵的控制，其目的一般是保持出口流量的恒定，即流量控制，少数情况要保持压力恒定（详见管式加热炉操作技术）。在此仅介绍流量控制。

3.1.4.1 离心泵出口流量影响因素

因为泵总是与一定的管路连接在一起工作的，它的排出量与压头的关系既与泵的特性有关，也与管路特性有关。所以在讨论离心泵的工作状态时，必须同时考虑泵和管路特性。管路特性就是管路系统中的流体流量与管路系统阻力之间的关系。管路系统的阻力包括以下几部分，如图 3-4 所示。

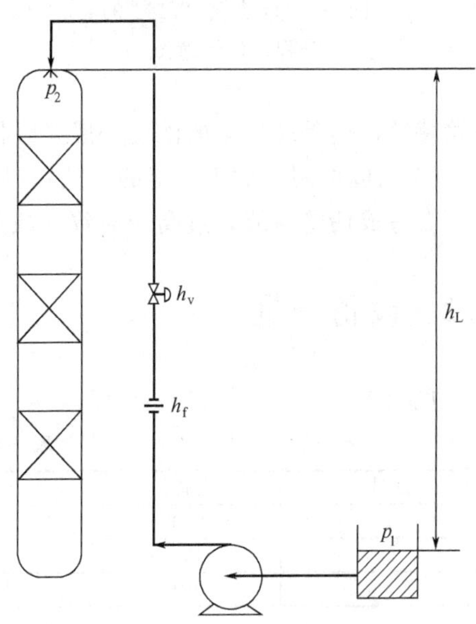

图 3-4 离心泵输送物料示意图

(1) 管路两端的静压差引起的压头 h_p

$$h_p=(p_2-p_1)/\rho g$$

式中，p_2、p_1 分别是管路出口和入口处的压力，ρ 为流体的密度，g 为重力加速度；对于常压系统来说，h_p 一般也能保持恒定，但是对于加压或减压系统，离心泵前后管路连接的设备的压力波动会导致 h_p 变化。

(2) 管路两端的静液柱高度 h_L 泵前缓冲罐液位的波动量相对于管路两端的高度差可以忽略，尤其是对于大直径容器，因此对于一个既定连续系统 h_L 一般是恒定的。

(3) 管路中的摩擦损失压头 h_f h_f 与流量的平方近似成正比关系。

(4) 控制阀两端节流损失压头 h_v 在阀门开度一定时，h_v 也与流量的平方成正比。当阀门的开度变化时，h_v 也随着改变。

设 H_L 为管路总阻力，则

$$H_L=h_p+h_L+h_V+h_f$$

当整个离心泵系统达到稳定状态时，泵的压头 H 必然等于系统总阻力 H_L，这是建立平衡的条件。泵的特性曲线与管路特性曲线的交点就是泵的一个平衡工作点。

工作点 C 的流量应满足一定的工艺要求，可以用改变 h_v 或其他手段来满足这一要求。

因此，影响离心泵出口流量的因素有离心泵的特性、流体的性质等。

3.1.4.2 离心泵的控制系统

由以上分析可得，离心泵控制可分为两部分。

(1) 主要参数的控制——泵出口流量控制 直接节流法，即直接改变节流阀的开度，从而改变 h_v，造成管路特性变化，以达到控制目的。

(2) 辅助参数的控制

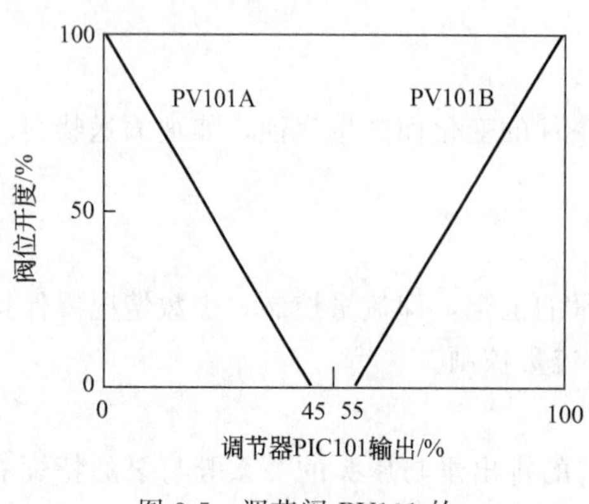

图 3-5　调节阀 PV101 的分程动作示意图

① 压力控制。由于流量的控制是通过改变 h_v 实现的，那就应该保持其他各项的稳定。h_L 一般不会影响管路特性，不需要进行控制；h_f 随流量变化而变化，无法进行控制；压力对管路特性影响是显著的，是可控的，尤其是泵前的缓冲罐，同时压力的波动会影响缓冲罐的液位（压力过高工艺物料无法进入该储罐），这时应设置压力控制系统。在本系统中采用了分程控制系统，通过控制进入 V101 的进气量（PV101A）和排气量（PV101B），从而实现压力的稳定。调节阀 PV101 的分程动作示意图如图 3-5 所示。

② 液位控制。虽然液位的波动一般不会影响管路特性，但是缓冲罐的液位一般要维持稳定，避免抽空和溢罐事故的发生。

③ 温度控制。对于一定的工艺物料在管道中的温度要保持恒定，过低会增加管道阻力，甚至会造成堵管事故，过高会导致汽蚀现象。

3.2　设备一览

见表 3-1。

表 3-1　主要设备一览表

序号	设备位号	设备名称	工艺作用	备注
1	V101	缓冲罐		
2	P101A	离心泵 A		
3	P101B	离心泵 B(备用泵)		

3.3　正常操作指标

见表 3-2。

表 3-2　仿真系统主要参数正常指标一览表

位号	说　明	类型	正常值	量程上限	量程下限	工程单位	高 报	低 报	高高报	低低报
FIC101	离心泵出口流量	PID	20000.0	40000.0	0.0	kg/h				
LIC101	V101 液位控制系统	PID	50.0	100.0	0.0	%	80.0	20.0		
PIC101	V101 压力控制系统	PID	5.0	10.0	0.0	atm(G)		2.0		
PI101	泵 P101A 入口压力	AI	4.0	20.0	0.0	atm(G)				
PI102	泵 P101A 出口压力	AI	12.0	30.0	0.0	atm(G)	13.0			
PI103	泵 P101B 入口压力	AI		20.0	0.0	atm(G)				
PI104	泵 P101B 出口压力	AI		30.0	0.0	atm(G)	13.0			
TI101	进料温度	AI	50.0	100.0	0.0	℃				

3.4　仿真界面

见图 3-6、图 3-7。

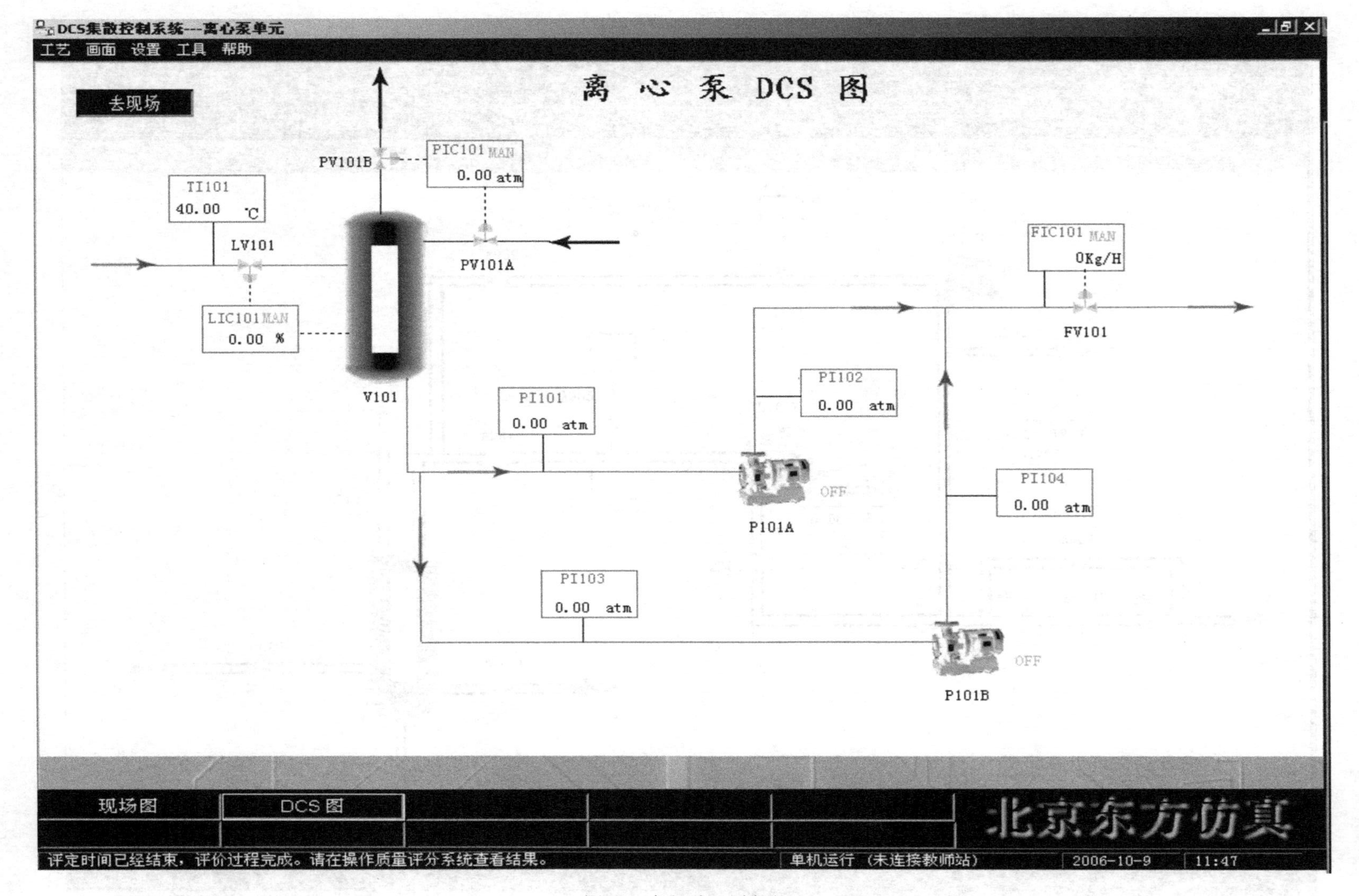

图3-6 离心泵DCS界面

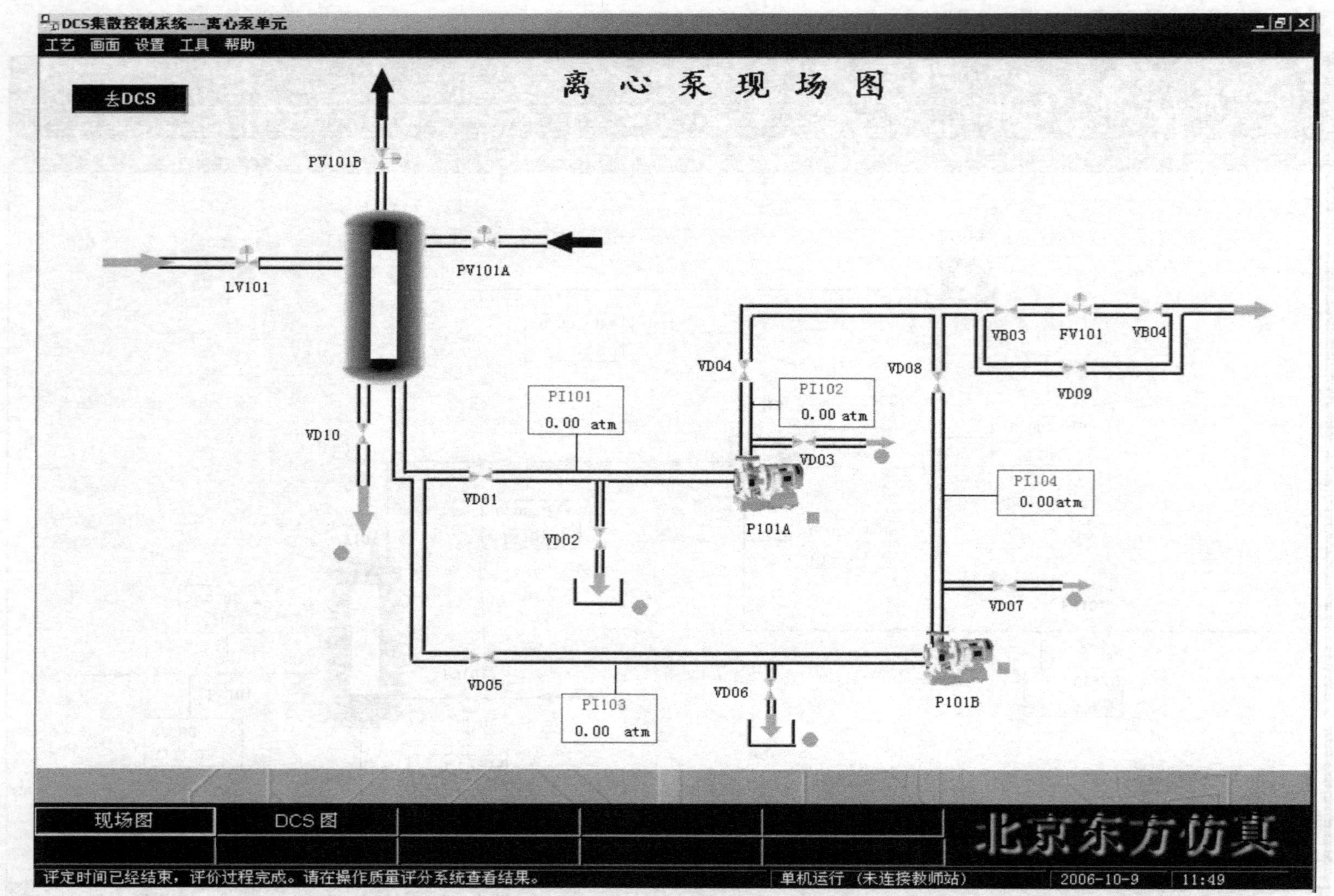
DCS集散控制系统---离心泵单元
工艺 画面 设置 工具 帮助
去DCS
离心泵现场图
PV101B
PV101A
LV101
VD10
VD01
VD02
PI101
0.00 atm
VD04
PI102
0.00 atm
VD03
P101A
VD08
VB03
FV101
VB04
VD09
PI104
0.00atm
VD07
VD05
PI103
0.00 atm
VD06
P101B
现场图
DCS图
北京东方仿真
评定时间已经结束，评价过程完成。请在操作质量评分系统查看结果。
单机运行（未连接教师站）
2006-10-9
11:49

图3-7 离心泵现场界面

3.5　开车步骤

见表3-3。

表3-3　正常开车步骤及关键步骤简要说明

总分：175.00

操作过程	分值	操作步骤	关键步骤简要说明	备注
罐V101的操作	40.00			
1.1	5.00	打开LIC101调节阀向罐V101充液	通过修改LIC101的OP值实现	在对罐V101同时充压和充液的过程中，应使得这两步骤协调一致，即液位达50%，压力也在5atm附近，液位和压力互相影响
1.2	5.00	待罐V101液位大于5%后，打开PV101A对罐V101充压	PIC101是分程控制器，其OP值与PV101A、B的对应关系要理清楚，此时应使PIC101的OP值小于45	
1.3	5.00	罐V101液位控制在50%左右时LIC101投自动	投自动的条件是：液位接近50%，同时液位要稳定（这里要注意，由于泵尚未启动，LV101不关，液位总是要上升的，此时应尽快开启离心泵）	
1.4	5.00	罐V101液位控制LIC101设定值50%		
1.5	5.00	罐V101压力控制在5atm左右时，PIC101投自动	要注意罐V101压力不要超过6.0atm，否则要扣分 导致超压主要原因：一是压力没有调整稳定就投自动（比如投自动时PIC101.OP＝0，同时PIC101.PV＝5.0atm）；二是投自动时罐V101液位很低，罐V101充液太快；三是PIC101处于手动状态，操作人员没有及时进行调整	
1.6	5.00	罐V101压力控制PIC101设定值5atm		
1.7	10.00	V101罐液位	此步为质量步骤，液位的标准值为50%，液位与50%越接近，该步分值越高	该步通过调整LIC101的OP值实现
启动A或B泵	55.00	罐V101的液位达到10%以上该过程起始条件满足		
2.1	5.00	启动A泵：待罐V101压力达到正常后，打开P101A泵前阀VD01	罐V101的压力达到3.0atm以上该步骤起始条件满足	注意不要启动泵
2.2	5.00	打开排气阀VD03排放不凝气	VD03旁的红点变成绿色即为不凝气体排尽	
2.3	5.00	待泵内不凝气体排尽后，关闭VD03		
2.4	5.00	启动P101A泵		
2.5	5.00	待PI102指示压力比PI101大2.0倍后，打开泵出口阀VD04		
2.6	10.00	P101A泵入口压力	该压力主要受V101罐压影响，其次出口流量也会对其有影响（阻力变大）	
2.7	10.00	V101罐液位	V101罐液位和罐压相互影响，可以先把液位调整稳定后，再逐步调整压力至稳定	
2.8	10.00	V101罐压		
2.9	5.00	启动B泵：待罐V101压力达到正常后，打开P101B泵前阀VD05		B泵启动过程同A泵，注意该仿真过程只需开一台泵即可（一开一备）
2.10	5.00	打开排气阀VD07排放不凝气		
2.11	5.00	待泵内不凝气体排尽后，关闭VD07		
2.12	5.00	启动P101B泵		
2.13	5.00	待PI104指示压力比PI103大2.0倍后，打开泵出口阀VD08		
2.14	10.00	P101B泵入口压力		

续表

操作过程	分值	操作步骤	关键步骤简要说明	备注
出料	80.00			
3.1	5.00	打开 FIC101 阀的前阀 VB03	自动控制阀在安装过程中一般是一个阀组形式——前阀、后阀以及旁路阀，旁路阀一般是处于关闭状态，打开调节阀之前必须先开启前阀和后阀	
3.2	5.00	打开 FIC101 阀的后阀 VB04		
3.3	5.00	打开调节阀 FIC101	通过修改 FIC101 的 OP 值实现，注意 FV101 要逐渐开大，防止流量过大(≥28000)扣分	
3.4	5.00	调节 FIC101 阀，使流量控制 20000kg/h 时投自动	投自动的条件是：流量接近 20000kg/h，同时流量要稳定	
3.5	10.00	V101 罐液位	标准值：50%	
3.6	10.00	P101A 泵入口压力	标准值：4.0atm	
3.7	10.00	P101B 泵入口压力		
3.8	10.00	P101A 泵出口压力	标准值：12.0atm	
3.9	10.00	P101B 泵出口压力		
3.10	10.00	V101 罐压	标准值：5.0atm	
3.11	20.00	出口流量	标准值：20000kg/h	

3.6 离心泵的其他控制方式

3.6.1 旁路调节

本仿真系统采用的是改变出口管路节流阀的开度实现管路特性的改变，从而实现流量的调节。在实际生产过程中还可以通过设置分支管路来改变管路的特性，如图 3-8 所示。

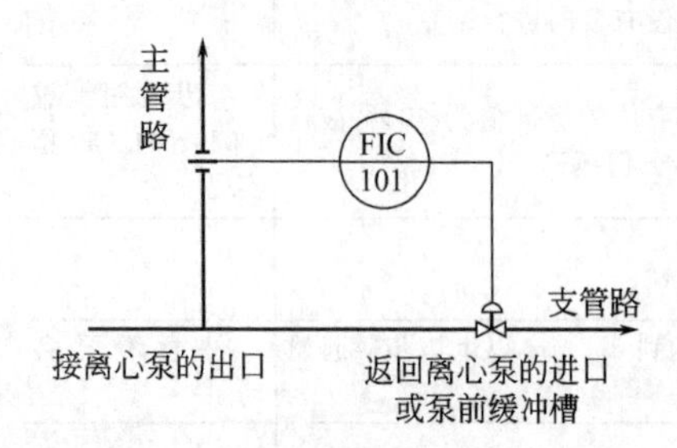

图 3-8 旁路调节控制图

分支管路的特点如下。

① 分支处的总压头$\left(z+\frac{p}{\rho g}+\frac{u^2}{2g}\right)$等于支管出口处的总压头加上支管阻力损失；

② 总管流量等于各支管流量之和。

由于支路出口位置和压力基本保持不变，假设分支处的总压头也不变，当支管调节阀开度改变时，支管阻力损失随之变化，那么支管流速必将随之变化以维持能量守恒。支管流速改变就意味着支管流量的变化，假设总管流量不变，那主管路流量也必发生变化，从而起到流量调节的作用。

3.6.2 变频调节

离心泵的转速发生变化时，其流量、压头和轴功率都要发生变化：

$$\frac{q_{V2}}{q_{V1}}=\frac{n_2}{n_1};\ \frac{H_2}{H_1}=\left(\frac{n_2}{n_1}\right)^2;\ \frac{N_2}{N_1}=\left(\frac{n_2}{n_1}\right)^3$$

这是离心泵的比例定律。从定律中可以看出，当原动机转数降低时，流量也成比例下降，轴功率下降更多，所以采用此种方式调节流量，能耗会降低。但是，与本仿真系统相比，该控制方式会使泵的压头明显降低，这是值得注意的地方。

泵的原动机一般都是三相异步电动机。异步电动机主要由定子（固定部分）和转子（旋转部分）两个基本部分组成。当定子绕组中通入三相电流，就产生了旋转的磁场。旋转磁场

的转数为

$$n_0=\frac{60f_1}{p}$$

式中　n_0——旋转磁场转数，r/min；

f_1——电流频率，Hz，我国工频为50Hz；

p——旋转磁场的磁极对数。

转子受到旋转磁场磁通的切割，产生转矩，转子就转动起来，其方向与旋转磁场方向相同，但是转子的转数 n 小于磁场的转数 n_0，即 $n<n_0$，此为异步电动机名称由来。

用转差率 s 表示转子转数 n 与磁场的转数 n_0 相差程度，即

$$s=\frac{n_0-n}{n_0}$$

通常异步电动机在额定负荷时的转差率为1%～9%。

在离心泵的铭牌上标注的转数就是电动机转子转数。通过其铭牌的转数可以判断其磁极对数，见表3-4。

表3-4　磁极对数与旋转磁场转数对应表

p	1	2	3	4	5	6
n_0/(r/min)	3000	1500	1000	750	600	500

例如，某三相异步电动机额定转数为975r/min，根据上表可以看出其与1000r/min接近，则其磁极对数为3。

电动机转数：

$$n=(1-s)n_0=(1-s)\frac{60f_1}{p}$$

改变其转数有三种可能，即改变电源频率 f_1、磁极对数 p 及转差率 s。改变电源频率 f_1 有两种方式：

① $f_1<f_{1N}$，即低于额定转速调速，此时保持 $\frac{f_1}{U_1}$ 的比值近似不变进行调节，这样电动机电压降低，转矩近似不变，称为恒转矩调速。

② $f_1>f_{1N}$，即高于额定转速调速，此时保持 $U_1\approx U_{1N}$，进行调节，这样电动机转矩减小，功率近似不变，称为恒功率调速。

对于变频调节，不是任何场合都是节能的。对于有背压系统，要根据实际情况决定是否采用变频调节。

4　换热器操作技术

4.1　换热器操作原理

4.1.1　换热器操作任务

对于不同换热目的的换热器有不同的操作任务，进行换热的目的主要有下列四种。

① 使工艺介质达到规定的温度，以使化学反应或其他工艺过程能很好的进行。

② 在生产过程中加入吸收的热量或除去放出的热量，使工艺过程能在规定的范围内进行。

③ 某些工艺过程需要改变相态。

④ 回收热量。

本单元工艺应属于第四种情况——热量回收，用管壳式换热器回收热流体热量，把冷流体加热到一定的温度，并将自身降温到一定温度。

保持换热器冷热流体出口温度稳定，是此换热器操作的主要任务。

4.1.2　换热器工作原理

根据冷、热流体热量交换的原理和方式可分为三大类：混合式、蓄热式、间壁式。

4.1.2.1　间壁式传热

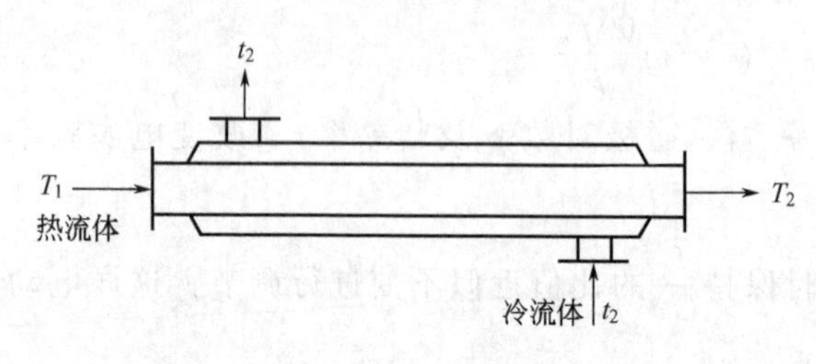

图 4-1　套管换热器

在多数情况下，化工工艺上不允许冷热流体直接接触，故直接接触式传热和蓄热式传热在工业上并不很多，工业上应用最多的是间壁式传热过程。这类换热器的特点是在冷、热两种流体之间用一金属壁（或石墨等导热性能好的非金属壁）隔开，以便使两种流体在不相混合的情况下进行热量传递。这类换热器中以套管式换热器和列管式换热器为典型设备。

套管换热器（图 4-1）是由两根不同直径的直管组成的同心套管。一种流体在内管内流动，而另一种流体在内外管间的环隙中流动，两种流体通过内管的管壁传热，即传热面为内外表面积的平均值。

列管式换热器又称为管壳式换热器，是最典型的间壁式换热器，历史悠久，占据主导作用。由壳体、管束、管板、折流挡板和封头等组成。一种流体在管内流动，其行程称为管程；另一种流体在管外流动，其行程称为壳程。管束的壁面即为传热面。

4.1.2.2　热量传热过程

如图 4-1 所示的套管换热器，它是由两根不同直径的管子套在一起组成的，热冷流体分别通过内管和环隙，热量自热流体传给冷流体，热流体的温度从 T_1 降至 T_2，冷流体的温度从 t_1 上升至 t_2。这种热量传递过程包括三个步骤（图 4-2）：

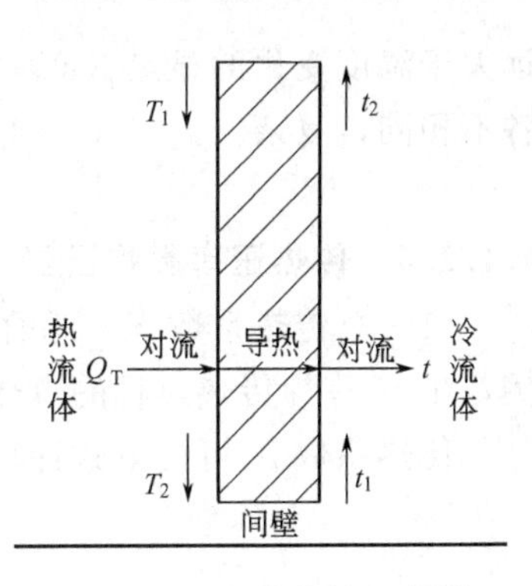

图 4-2　间壁式换热示意图

① 热流体以对流传热方式把热量 Q_1 传递给管壁内侧；

② 热量 Q_2 从管壁内侧传导以热传导方式传递给管壁的外侧；

③ 管壁外侧以对流传热方式把热量 Q_3 传递给冷流体。

稳态传热

$$Q_1=Q_2=Q_3=Q$$

总传热速率方程：

$$Q=KA\Delta t_m=\frac{\Delta t_m}{1/KA}=\frac{\text{总传热推动力}}{\text{总热阻}}$$

式中　K——总传热系数或比例系数，W/(m^2·℃) 或 W/(m^2·K)；

Q——传热速率，W 或 J/s；

A——总传热面积，m^2；

Δt_m——两流体的平均温差，℃或 K。

4.1.2.3　影响对流传热系数的因素

对流传热是流体在具有一定形状及尺寸的设备中流动时发生的热流体到壁面或壁面到冷流体的热量传递过程，因此它必然与下列因素有关。

（1）引起流动的原因　自然对流：由于流体内部存在温差引起密度差形成的浮升力，造成流体内部质点的上升和下降运动，一般 u 较小，α 也较小。强制对流：在外力作用下引起的流动运动，一般 u 较大，故 α 较大。

$$\alpha_{\text{强}}>\alpha_{\text{自}}$$

（2）流体的物性　当流体种类确定后，根据温度、压力（气体）查对应的物性，影响 α 较大的物性有：ρ，μ，λ，c_p。

λ 的影响：$\lambda\uparrow$，则 $\alpha\uparrow$；

ρ 的影响：$\rho\uparrow$，$Re\uparrow$，则 $\alpha\uparrow$；

c_p 的影响：$c_p\uparrow$，ρc_p 单位体积流体的热容量大，则 $\alpha\uparrow$；

μ 的影响：$\mu\uparrow$，$Re\downarrow$，则 $\alpha\downarrow$。

（3）流动型态　层流：热流主要依靠热传导的方式传热。由于流体的热导率比金属的热导率小得多，所以热阻大。

湍流：质点充分混合且层流底层变薄，α 较大。$Re\uparrow$，$\delta\downarrow$，$\alpha\downarrow$；但 $Re\uparrow$ 动力消耗大。

$$\alpha_{\text{湍}}>\alpha_{\text{层}}$$

（4）传热面的形状、大小和位置　不同的壁面形状、尺寸影响流型；会造成边界层分离，产生旋涡，增加湍动，使 α 增大。

① 形状：比如管、板、管束等。

② 大小：比如管径和管长等。

③ 位置：比如管子的排列方式（如管束有正四方形和三角形排列）；管或板是垂直放置还是水平放置。

对于一种类型的传热面常用一个对对流传热系数 α 有决定性影响的特性尺寸 L 来表示其大小。

（5）是否发生相变　主要有蒸汽冷凝和液体沸腾。发生相变时，由于汽化或冷凝的潜热远大于温度变化的显热（r 远大于 c_p）。一般情况下，有相变化时对流传热系数较大，机理各不相同，复杂。

$$\alpha_{相变} > \alpha_{无相变}$$

4.1.2.4 传热速率影响因素

（1）总传热系数 K　综合反映传热设备性能，流动状况和流体物性对传热过程的影响，倒数 $1/K$ 称为传热过程的总热阻。

传热系数 K 可由下式计算（以管外表面积为基准）

$$\frac{1}{K_o}=\frac{1}{\alpha_o}+R_{so}+\frac{\delta d_o}{\lambda d_m}+R_{si}+\frac{d_o}{\alpha_i d_i}$$

式中　K_o——传热系数（以管外表面积为基准）；

α_o，α_i，δ——管内、外侧流体对流传热系数、管壁热导率；

d_o，d_i，d_m——管的外径、内径、对数平均直径；

R_{si}、R_{so}——管内、外侧流体的污垢热阻。

（2）传热面积　传热面积取决于换热器的结构及传热面，对于既定的换热器，无相变传热面积是固定的，有相变的传热面还受冷凝液量的影响。

（3）管内、外侧流体平均温差　平均温差取决于冷热流体的进出口温度以及流动形式（逆流、并流、折流）。流动形式对于既定的换热器也是固定的，但进出口温度可以通过对冷热流体的进口温度和进口流量的控制进行调节。

4.1.3 换热器结构

列管式换热器又称为管壳式换热器，是最典型的间壁式换热器，历史悠久，占据主导作用。主要由壳体、管束、管板、折流挡板和封头等组成。一种流体在管内流动，其行程称为管程；另一种流体在管外流动，其行程称为壳程。管束的壁面即为传热面。

优点：单位体积设备所能提供的传热面积大，传热效果好，结构坚固，可选用的结构材料范围宽广，操作弹性大，大型装置中普遍采用。为提高壳程流体流速，往往在壳体内安装一定数目与管束相互垂直的折流挡板。折流挡板不仅可防止流体短路、增加流体流速，还迫使流体按规定路径多次错流通过管束，使湍动程度大为增加。

常用的折流挡板有圆缺形和圆盘形两种（图 4-3），前者更为常用。

壳体内装有管束，管束两端固定在管板上。由于冷热流体温度不同，壳体和管束受热不同，其膨胀程度也不同，如两者温差较大，管子会扭弯，从管板上脱落，甚至毁坏换热器。所以，列管式换热器必须从结构上考虑热膨胀的影响，采取各种补偿的办法，消除或减小热应力。

根据所采取的温差补偿措施，列管式换热器可分为以下几个型式。

（1）固定管板式　壳体与传热管壁温度之差大于 50℃，加补偿圈，也称膨胀节，当壳体和管束之间有温差时，依靠补偿圈的弹性变形来适应它们之间的不同的热膨胀（图 4-4）。

特点：结构简单，成本低，壳程检修和清洗困难，壳程必须是清洁、不易产生垢层和腐蚀的介质。

（2）浮头式　两端的管板，一端不与壳体相连，可自由沿管长方向浮动（图 4-5）。当壳体与管束因温度不同而引起热膨胀时，管束连同浮头可在壳体内沿轴向自由伸缩，可完全消除热应力。

特点：结构较为复杂，成本高，消除了温差应力，是应用较多的一种结构形式。

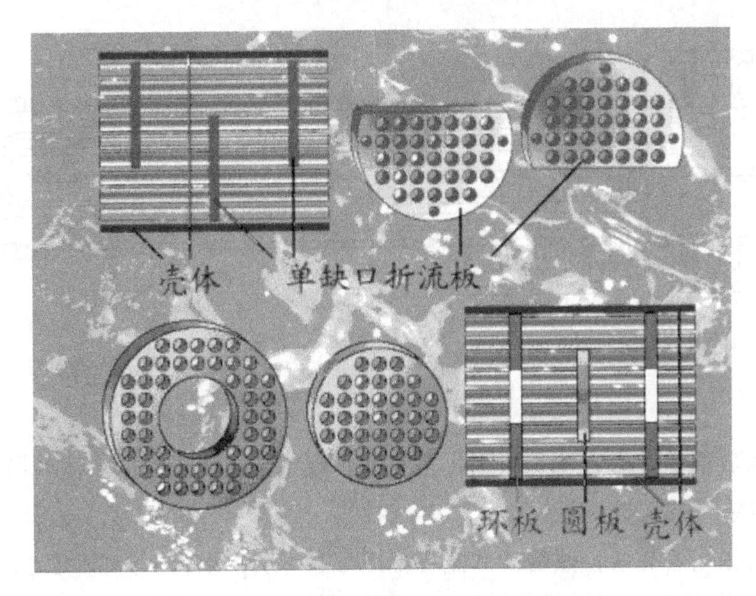

图 4-3　折流挡板

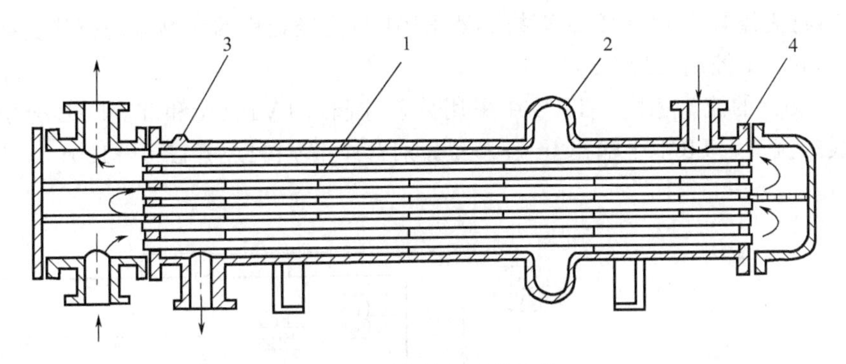

图 4-4　固定管板式换热器

1—折流挡板；2—膨胀节；3—放气嘴；4—管板

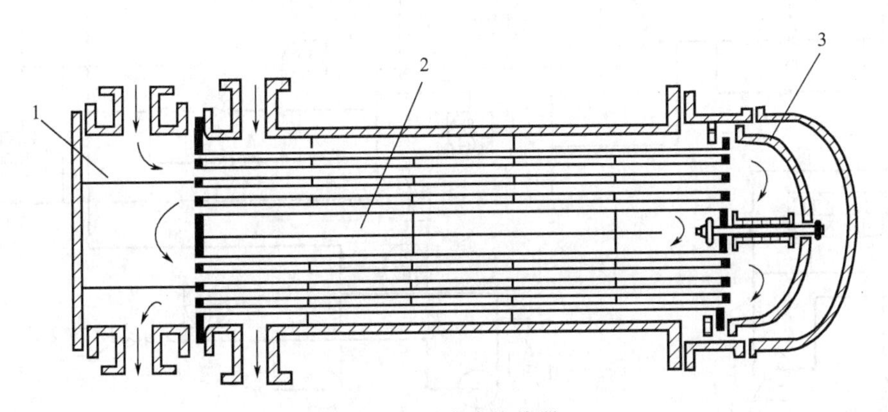

图 4-5　浮头式换热器

1—管程隔板；2—壳程隔板；3—浮头

(3) U 形管式　把每根管子都弯成 U 形，两端固定在同一管板上，每根管子可自由伸缩，来解决热补偿问题（图 4-6）。

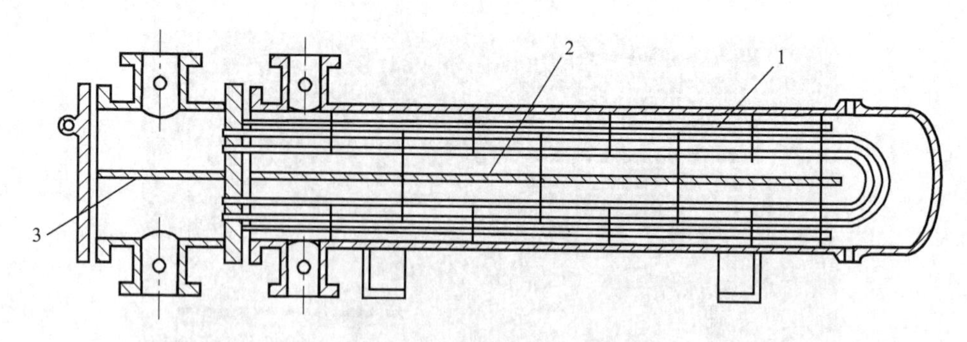

图 4-6 U形管式换热器

1—U 形管；2—壳程隔板；3—管程隔板

特点：结构较简单，管程不易清洗，常为洁净流体，适用于高压气体的换热。

4.1.4 本实训单元的工艺流程

本单元设计采用管壳式换热器。其流程如图 4-7 所示，来自界外的 92℃冷物流（沸点：198.25℃）由泵 P101A/B 送至换热器 E101 的壳程被流经管程的热物流加热至 145℃，并有 20%被汽化。冷物流流量由流量控制器 FIC101 控制，正常流量为 12000kg/h。来自另一设备的 225℃热物流经泵 P102A/B 送至换热器 E101 与流经壳程的冷物流进行热交换，热物流出口温度由 TIC101 控制（177℃）。

为保证热物流的流量稳定，TIC101 采用分程控制，TV101A 和 TV101B 分别调节流经 E101 和副线的流量，TIC101 输出 0～100%分别对应 TV101A 开度 0～100%，TV101B 开度 100%～0。

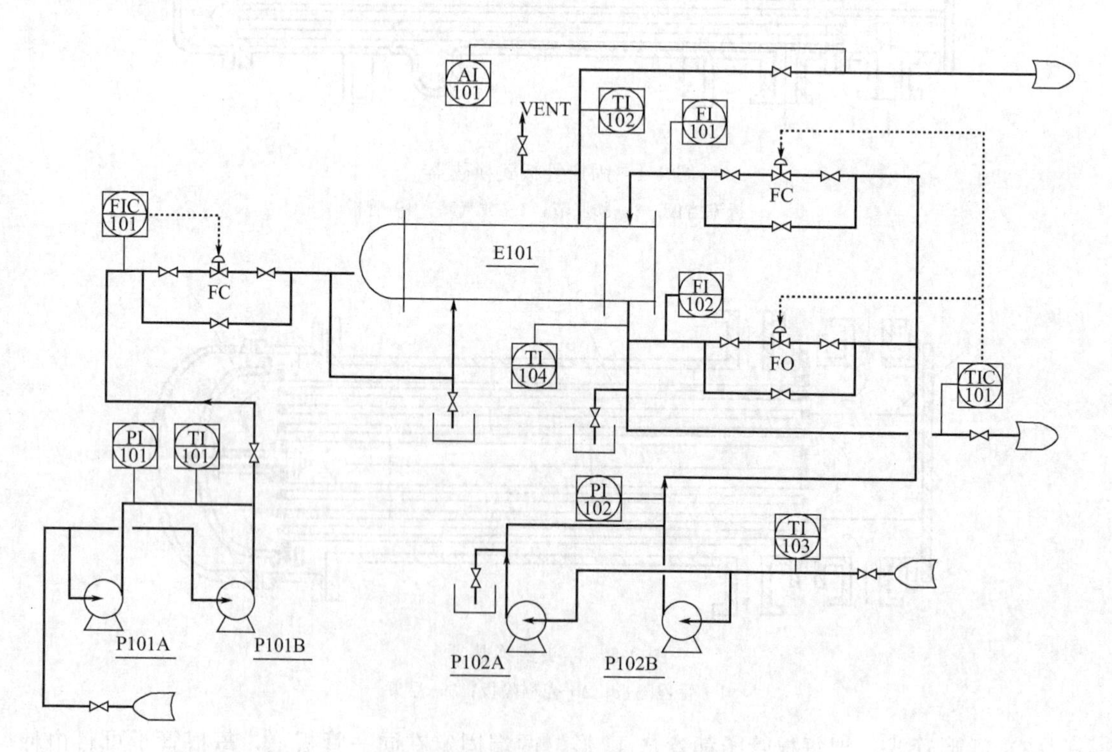

图 4-7 换热器单元带控制点流程图

4.1.5　换热器操作注意事项

4.1.5.1　结垢

当换热器换热管结垢以后，热阻明显增大，严重影响换热效果，所以尽量避免超温，尤其是循环冷却水。

4.1.5.2　堵管

对于一些黏度比较大的物质来说，温度过低会使黏度明显增加，流动状态会发生改变，从而影响传热效果，甚至发生堵塞管道事故。

4.1.5.3　不凝性气体的存在

不凝性气体的存在，会在管壁上形成一层气膜，相当于额外附加了一层热阻，气体的热导率小，该热阻往往很大，这样使得传热系数大大下降。不凝性气体的一般是换热器开车时未排尽导致的。

4.1.6　换热器的控制

4.1.6.1　换热器出口温度影响因素

从热量平衡方面来看：

$$Q=G_c c_{pc}(t_2-t_1)=G_h c_{ph}(T_1-T_2)$$

由上式可以看出，换热器热流体（或冷流体）出口温度 T_2（或 t_2）取决于热流体（或冷流体）的本身物性、流量和进出口温差。

从热量传递速率方面来看：

$$Q=KA\Delta t_m=G_c c_{pc}(t_2-t_1)$$

$$Q=KA\Delta t_m=G_h c_{ph}(T_1-T_2)$$

由此可得，换热器冷热流体的出口温度取决于热量的传递速率，即传热系数、传热面积、传热温差。

其实在实际传热过程中传热速率是绝对因素，因此换热器出口温度受传热系数、传热面积、传热温差的制约。

传热系数的影响因素很多，但在实际过程中可以改变的就是流体的流动状态，即流速，加大任一流体的流量都会改变传热系数，但是改变对流传热系数小的流体流量更为有效。

传热温差的改变也只能改变某一流体出口温度，对于无相变的传热过程也是通过改变流量的方式实现，对于有相变的传热过程可以通过改变不同压力下所对应的平衡温度。

传热面积的改变一般比较难以实现，只是某些有相变的特殊传热过程有应用。

4.1.6.2　换热器的控制系统

本仿真系统的操作任务是稳定冷热流体的出口温度，这样无法通过改变传热温差的方式实现对该传热过程的控制；同时冷热流体的流量稳定也是该仿真系统的另一控制任务，改变流量的方式也无法采用。该传热过程是典型的热量回收系统，用高温产品区预热低温的原料，产品和原料的流量都不能有波动，同时换热后的温度必须保持稳定，否则影响下一工序。

为完成以上两个任务，本系统采用了工艺介质分路控制的方法，即热流体一部分进换热器换热，另一部分走旁路，与换热后的热流体混合在一起。这样通过调整热流体在两支路中的流量，在不改变总流量的情况下，实现了对该换热器的控制。同时该控制方案还具有反应迅速及时的特点，解决了温度控制滞后给控制质量带来的不利影响。但是该方案载热体一直处于高负荷状态，对于采用专门热剂或冷剂系统是不经济的。

为了实现对两支路流量的控制，TIC101 采用分程控制，TV101A 和 TV101B 分别调节流经 E101 和副线的流量，TIC101 输出 0～100％分别对应 TV101A 开度 0～100％，TV101B 开度 100％～0，如图 4-8 所示。

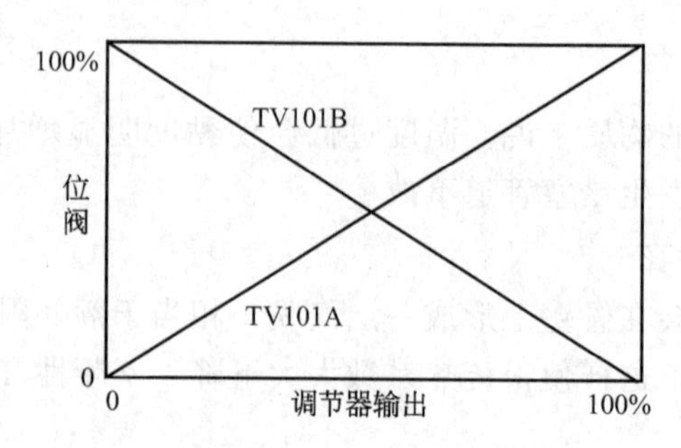

图 4-8 调节阀 TV101 分程动作示意图

4.2 设备一览

见表 4-1。

表 4-1 主要设备一览表

序号	设备位号	设备名称	工艺作用	备注
1	P101A/B	冷物流进料泵		
2	P102A/B	热物流进料泵		
3	E101	列管式换热器		

4.3 正常操作指标

见表 4-2。

表 4-2 仿真系统主要参数正常指标一览表

位号	说明	类型	正常值	量程上限	量程下限	工程单位	高报值	低报值	高高报值	低低报值
FIC101	冷流入口流量控制	PID	12000	20000	0	kg/h	17000	3000	19000	1000
TIC101	热流出口温度控制	PID	177	300	0	℃	255	45	285	15
PI101	冷流入口压力显示	AI	9.0	27000	0	atm	10	3	15	1
TI101	冷流入口温度显示	AI	92	200	0	℃	170	30	190	10
PI102	热流入口压力显示	AI	10.0	50	0	atm	12	3	15	1
TI102	冷流出口温度显示	AI	145.0	300	0	℃	17	3	19	1
TI103	热流入口温度显示	AI	225	400	0	℃				
TI104	热流出口温度显示	AI	129	300	0	℃				
FI101	流经换热器流量	AI	10000	20000	0	kg/h				
FI102	未流经换热器流量	AI	10000	20000	0	kg/h				

4.4 仿真界面

见图 4-9、图 4-10。

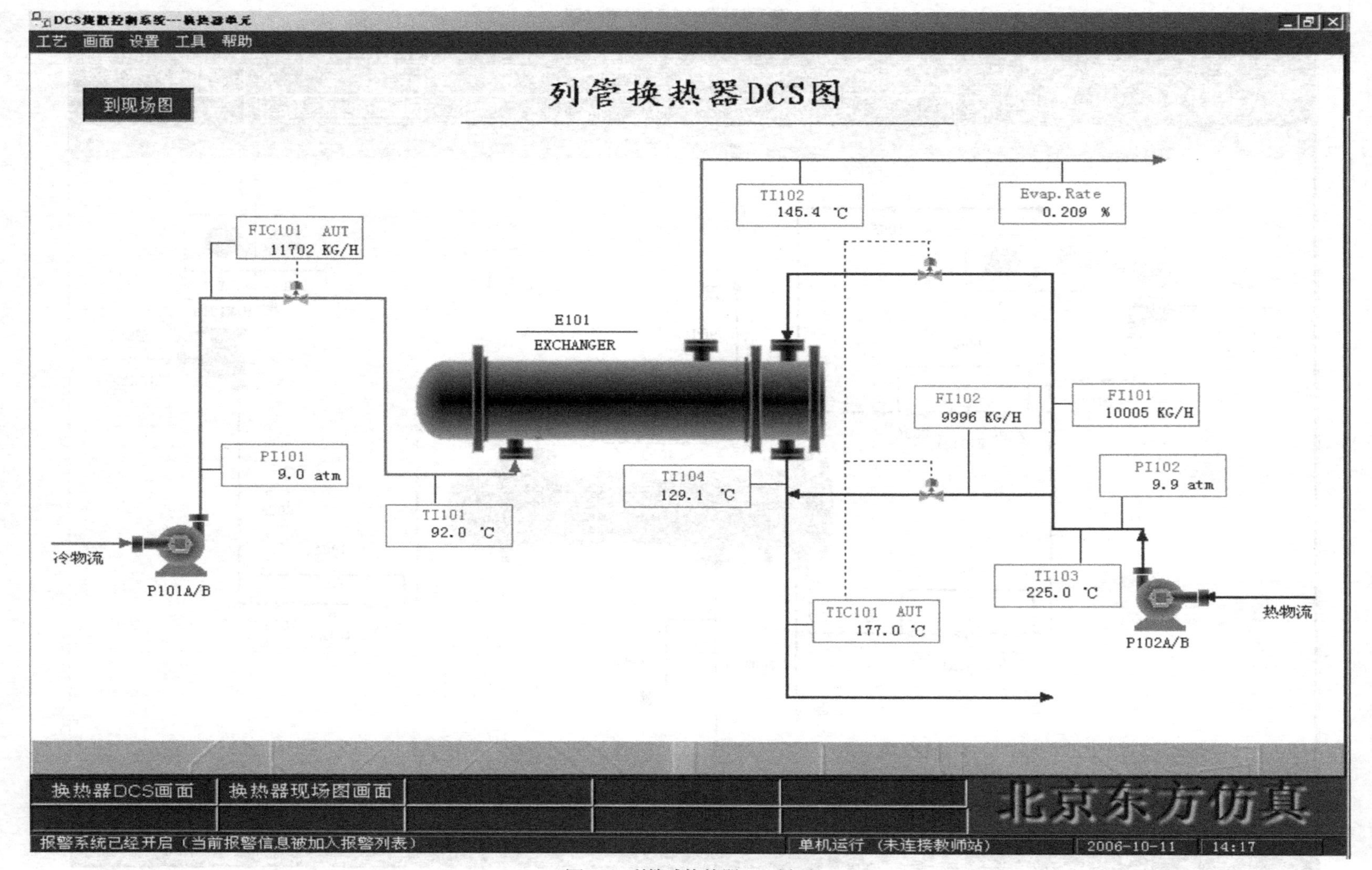

图4-9 列管式换热器DCS界面

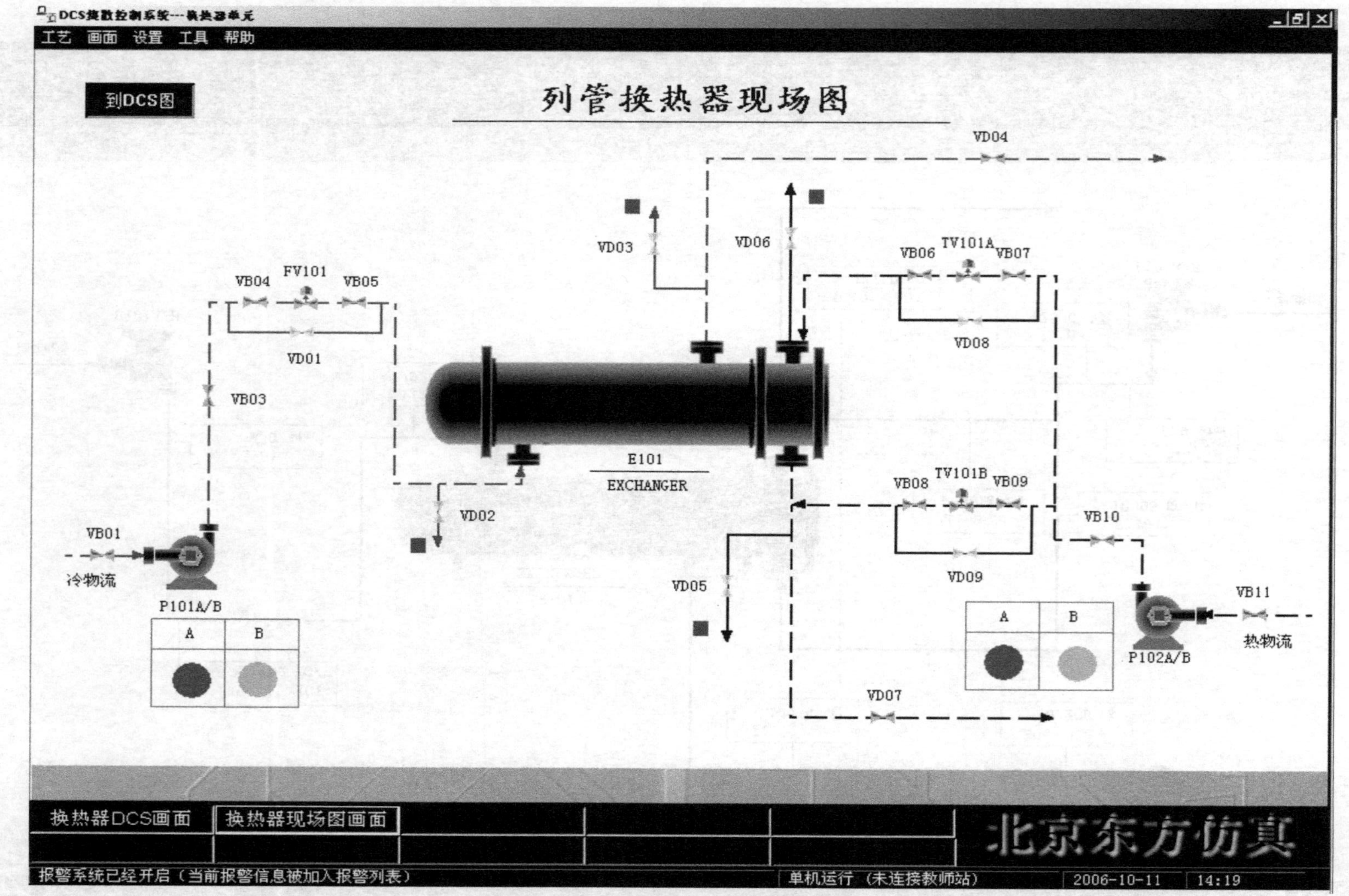

图4-10　列管式换热器现场界面

4.5 冷态开车步骤

见表 4-3。

表 4-3 正常开车步骤及关键步骤简要说明

总分：370.00

操作过程	分值	操作步骤	关键步骤简要说明	备注
启动冷物流进料泵P101	40.00	换热器一般情况下先通冷物料后通热物料，这样避免了骤冷骤热，保护了换热设备（热物料在常温时是高黏度流体根据实际情况而定）		
1.1	10.00	E101 壳程排气 VD03（开度约 50%）	排不凝性气体，不凝性气体的存在，会导致传热效果下降（详见 4.1.5.3）	输入数字后要回车
1.2	10.00	打开 P101A 泵的前阀 VB01	按离心泵的启动顺序启动启动冷物流进料泵 P101	
1.3	10.00	启动泵 P101A		
1.4	10.00	待泵出口压力达到 4.5atm 以上后，打开 P101A 泵的出口阀 VB03		
冷物流进料	140.00			
2.1	10.00	打开 FIC101 的前阀 VB04	自动控制阀在安装过程中一般是一个阀组形式，打开调节阀之前必须到现场先开启前阀和后阀	
2.2	10.00	打开 FIC101 的后阀 VB05		
2.3	10.00	打开 FIC101		
2.4	10.00	观察壳程排气阀 VD03 的出口，当有液体溢出时（VD03 旁边标志变绿），标志着壳程已无不凝性气体，关闭壳程排气阀 VD03，壳程排气完毕		
2.5	10.00	打开冷物流出口阀 VD04，开度约 50%		
2.6	10.00	手动调节 FV101，使 FIC101 指示值稳定到 12000kg/h		
2.7	10.00	FIC101 投自动		
2.8	10.00	FIC101 设定值 12000		
2.9	50.00	冷流入口流量控制 FIC101	标准值：12000，冷流入口流量大于 9600 且壳程已无不凝性气体后开始评分	
2.10	10.00	冷流出口温度 TI102	标准值：145，冷流出口温度大于 115℃ 后开始评分，由于冷流入口温度为 92℃，在通热物流前，评分不会开始	
启动热物流入口泵P102	40.00			
3.1	10.00	开 E101 管程排气阀 VD06（50%）	考虑：为什么开启管程的入口，而不是出口进行排气（可以结合 TV101A、B 的开关状态进行考虑）	
3.2	10.00	打开 P102 泵的前阀 VB11		
3.3	10.00	启动 P102A 泵		
3.4	10.00	打开 P102 泵的出口阀 VB10		

续表

操作过程	分值	操作步骤	关键步骤简要说明	备注
热物流进料	150.00			
4.1	10.00	打开TV101A的前阀VB06	注意TV101A、B的开关状态	
4.2	10.00	打开TV101A的后阀VB07		
4.3	10.00	打开TV101B的前阀VB08		
4.4	10.00	打开TV101B的后阀VB09		
4.5	10.00	观察E101管程排气阀VD06的出口，当有液体溢出时(VD06旁边标志变绿)，标志着管程已无不凝性气体，此时关管程排气阀VD06，E101管程排气完毕		
4.6	10.00	打开E101热物流出口阀VD07		
4.7	10.00	手动控制调节器TIC101输出值，逐渐打开调节阀TV101A至开度为50%	注意：TIC101为分程控制器，TIC101的OP值与TV101A、B对应关系要理清楚(详见4.1.6.2) TIC101输出值要缓慢开启，注意冷物料的出口温度，防止超温(大于160℃即扣分)	
4.8	10.00	调节TIC101的输出值，使热物流温度分别稳定在177℃左右，然后将TIC101投自动		
4.9	70.00	热流入口温度控制TIC101	标准值:177	

4.6 换热器的其他控制方式

4.6.1 调节载热体的流量

由无相变时圆形直管内的强制湍流对流传热系数的经验关联式

$$\alpha=0.023\frac{\lambda}{d}\left(\frac{du\rho}{\mu}\right)^{0.8}\left(\frac{c_p\mu}{\lambda}\right)^k$$

式中 λ——热导率，W/(m·℃) 或 W/(m·K)；

d——管径，m；

u——流速，m/s；

ρ——流体的密度，kg/m^3；

μ——流体的黏度，Pa·s；

c_p——流体的比热容，J/(kg·℃) 或 J/(kg·K)。

可知，对流传热系数 α 与管内流速 u 的0.8次方成正比，那么改变载热体流量即改变了管内流速 u（直管内径不变），相应的对流传热系数 α 即发生改变，总传热系数 K 也随之发生变化。根据总传热速率方程：

$$Q=KA\Delta t_{\mathrm{m}}$$

可知总传热速率 Q 也发生改变，从而起到控制换热器出口温度的作用。

同时，从热量平衡方面来看：

$$Q=G_c c_{pc}(t_2-t_1)=G_h c_{ph}(T_1-T_2)$$

载热体流量 G_c 改变，其出口温度也随之发生改变，这样传热平均温差 Δt_m 必发生改变。

所以，改变载热体的流量，对 Δt_m、K 都有影响，从而实现控制作用。但是不同情况下，载热体的流量对 Δt_m、K 的影响程度不一样：

① 当换热器在原工况下载热体的温度变化很小时，载热体的流量对 Δt_m 影响不大，控制作用主要体现在 K 上。根据

$$\frac{1}{K_o}=\frac{1}{\alpha_o}+R_{so}+\frac{\delta d_o}{\lambda d_m}+R_{si}+\frac{d_o}{\alpha_i d_i}$$

忽略污垢热阻及管壁热阻影响，可简化为

$$\frac{1}{K}\approx\frac{1}{\alpha_o}+\frac{1}{\alpha_i}$$

由此可知 K 值与冷热流体的传热系数有关，当载热体的传热系数远大于工艺物料，其流量对 K 值影响不大，此时该控制手段无效；反之，其流量对 K 值影响较大，具有较好的控制作用。

② 当换热器在原工况下载热体的温度变化很大时，载热体的流量对 Δt_m、K 都有影响。当载热体的传热系数远大于工艺物料，其流量对 K 值影响不大，控制作用主要靠 Δt_m 实现；反之，其流量对 K、Δt_m 影响都较大，具有较强的控制作用。

改变载热体的流量是控制换热器出口温度较常用的方式，但是受到以下几方面的限制：

① 换热的冷热流体的流量控制要求都较高，不能有较大波动，此时可采用本仿真系统的控制方式；

② 当载热体的流量增加到一定程度时，流体阻力明显增加，能耗增高，同时对 Δt_m 的影响也趋于饱和。

4.6.2 调节传热平均温差

对于无相变过程，传热平均温差是靠载热体流量的改变实现控制作用，上文对此有了较详细的阐述。这里探讨一下有相变的传热过程。

有相变的传热过程的显著特点是有相变的一侧沿传热壁面温度保持不变，一直保持在工况压力下的沸点。这样可以通过改变不同压力下所对应的平衡温度，从而实现对传热平均温差调节。这多见于液体汽化的相变过程，例如合成氨工业中的氨冷器，如图 4-11 所示。

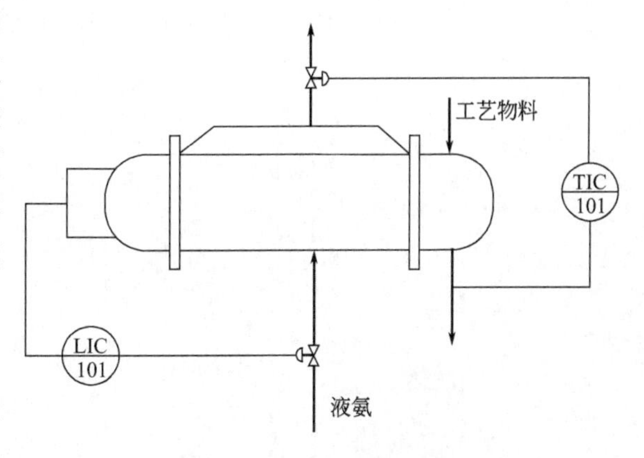

图 4-11 氨冷器控制系统

4.6.3 调节换热面积

对于既定的换热器，换热面积的改变较困难，但是可以通过其他方式间接实现换热面积的改变。这多见于蒸汽加热的场合，如图 4-12 所示。蒸汽加热物料主要是靠蒸汽的冷凝潜热，一般采用饱和蒸汽或者过热程度不高的蒸汽，以发挥其冷凝传热的优势。在此传热过程中，蒸汽冷凝水要及时排出，否

则就会减少蒸汽的换热面积。当换热器的换热面积有较大裕量时，可以控制冷凝水的排除量，以实现对蒸汽换热面积的改变，从而实现对出口温度的控制。

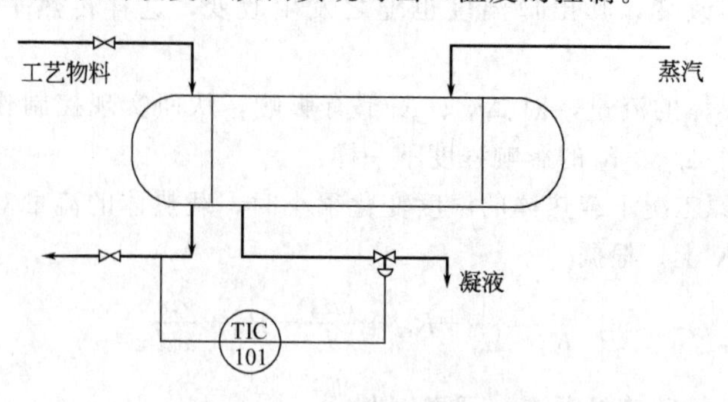

图 4-12 蒸汽加热控制系统

5 管式加热炉操作技术

5.1 管式加热炉操作原理

5.1.1 管式加热炉操作任务

对工艺物料进行加热，使之升温或者同时进行汽化，达到工艺所要求的温度，同时尽量降低能耗及保证安全操作。

5.1.2 加热炉结构

管式加热炉（图 5-1）的传热方式以辐射传热为主，管式加热炉通常由以下几部分构成。

辐射室：通过火焰或高温烟气进行辐射传热的部分。这部分直接受火焰冲刷，温度很高（600～1600℃），是热交换的主要场所（约占热负荷的 70%～80%）。

对流室：靠辐射室出来的烟气进行以对流传热为主的换热部分。

燃烧器：是使燃料雾化并混合空气，使之燃烧的产热设备，燃烧器可分为燃料油燃烧器，燃料气燃烧器和油-气联合燃烧器。

图 5-1 管式加热炉

通风系统：将燃烧用空气引入燃烧器，并将烟气引出炉子，可分为自然通风方式和强制通风方式。

5.1.3 管式加热炉燃料燃烧过程与加热原理

5.1.3.1 管式加热炉加热原理

管式加热炉是属于火力加热设备，首先燃料（燃料气、燃料油或者二者联合燃烧）的燃烧产生炽热的火焰和高温的气流，主要通过辐射传热将热量传给金属管壁，然后由管壁传给工艺介质，经过辐射传热后废气温度有所降低，但仍有大量热量，需设置一对流传热段对其热量进行利用后再排放，有时为充分利用热量还会采用废气预热空气的方法，多见于强制通风的加热炉。

加热炉的传热过程为：炉膛炽热火焰辐射给炉管，经过热传导、对流传热给工艺介质。

5.1.3.2 燃料燃烧过程

（1）气体燃料　管式加热炉的气体燃料主要是高炉煤气、焦炉煤气、发生炉煤气和天然气。气体燃料的燃烧过程基本上都包括以下三个阶段：

① 燃料气与空气的混合；

② 混合后的可燃气体的加热和着火；

③ 完成燃烧化学反应。

煤气与空气的混合是一种物理过程，需要消耗能量和一定的时间才能完成。

混合后的可燃气体，只有加热到它的着火温度时才能进行燃烧反应。在工业炉的燃烧条件下，点火以后，可燃气体的加热是靠其本身燃烧产生的热量而实现的。

燃烧化学反应是一种激烈的氧化反应，其反应速度非常快，实际上可以认为是在一瞬间完成的。

因此，在工业炉（特别是高温冶金炉）的燃烧条件下，影响煤气燃烧速度的主要矛盾不在燃烧反应本身，而在煤气与空气的混合以及混合后的可燃气体的加热升温速度方面。换句话说，工业炉内的燃烧不单纯是一个化学现象，而是一个物理和化学的综合过程。而其中物理方面的因素（气体的混合与加热）对整个燃烧过程起着更为重要的作用。

（2）液体燃料　管式加热炉的液体燃料一般以重油为主。重油在通过油烧嘴燃烧时，需要把油喷成雾状而形成一个个油滴，即进行雾化，雾化以后，油滴即被加热，然后蒸发。伴随蒸发，有些颗粒和部分油蒸气就开始热解和裂化。当空气和油雾相接触时就开始了混合过程，当某一处空气和油雾中的气体混合达到一定比例，并且温度达到了着火温度时，则即着火。由于混合过程比较长，所以边混合边燃烧。此即燃料油的雾化燃烧过程。

从燃料油燃烧过程来看，雾化和混合对燃烧过程起着关键性作用。燃料油只有雾化得很细，油滴的单位表面积才足够大，蒸发才能加快，在短时间内形成大量气态产物，同时蒸发的气态产物必须和空气迅速混合才能迅速燃烧。

混合过程一般取决于燃烧器的结构，空气过剩系数也略有影响。

燃料油的雾化方法主要有以下两类。

① 主要靠附加介质的能量使油雾化。此雾化介质称为“雾化剂”，实际常用的雾化剂是空气或者蒸汽，个别也有用煤气或燃烧产物的。

采用此种方法雾化，除燃料油本身性质（黏度、表面张力）影响外，主要受雾化剂的流出速度（雾化剂压力、喷口直径）、雾化剂的单位耗量（流量）、油的流出速度（油压、喷口直径）、燃烧器结构等影响。实践表明，保持高的雾化剂压力或雾化剂和燃料油的压差是燃料油正常燃烧的必要条件。

② 主要靠液体本身的压力能把液体以高速喷入相对静止的空气中，或以旋转方式使油流加强流动，使油得到雾化。

5.1.3.3 自然通风原理

如图 5-2 所示连通器，在连通器下部有一闸板把连通器两侧的水银和水隔开，两者高度一样。如果把闸板抽出，由于水银密度大，水银就会把水压出连通器外。同理，管式加热炉内充满了高温的热废气，由于热废气的密度比大气密度小，热的废气就会被外界大气压出烟囱，此时加热炉风门相当于连通器的闸板，风门一打开，外界冷空气就进入加热炉与燃料进行燃烧，以补充烟囱排出的废气。加热炉烟囱热废气柱的存在是空气进入、废气排出的动力。这就是自然通风原理。

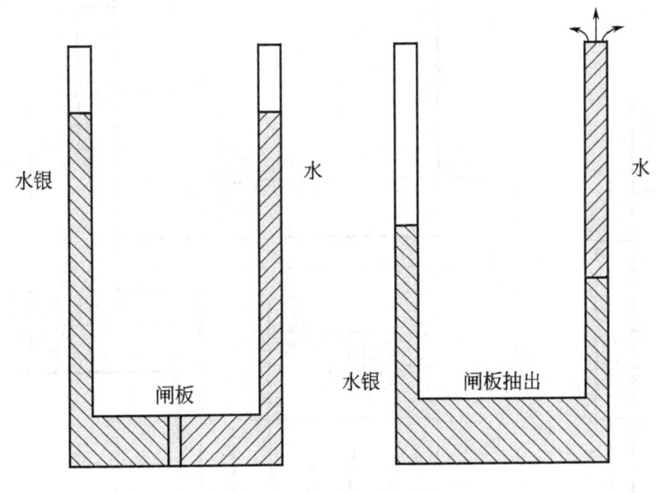

图 5-2 自然通风原理

根据自然通风原理，进入加热炉的空气量与推动力的大小有关。推动力与冷空气和废气密度，以及烟囱高度有关，对于既定的加热炉这两者是固定的。此外进入加热炉的空气量还和阻力有关，阻力有两部分，一部分是废气排出阻力——风门，另一部分是空气进入阻力——烟囱摩擦阻力和烟道翻板。这样加热炉的空气过剩系数$\left(\text{空气过剩系数 } \alpha=\dfrac{\text{实际供给空气量}}{\text{理论所需空气量}}\right)$可以通过风门和烟道翻板的开度进行调节。

5.1.4 本实训单元的工艺流程

本实训单元流程分为工艺物料系统和燃料系统，如图 5-3 所示。

5.1.4.1 工艺物料系统

某烃类化工原料在流量控制下进入加热炉 F-101 的对流段，经对流的加热升温后，再进入 F-101 的辐射段，被加热至 420℃后，送至下一工序，其炉出口温度通过调节燃料气流量或燃料油压力来控制。

采暖水在流量控制下经与 F-101 的烟气换热，回收余热后，返回采暖水系统。

5.1.4.2 燃料系统

燃料气管网的燃料气进入燃料气罐 V-105，燃料气在 V-105 中脱油脱水稳压后，分两路送入加热炉，一路送入常明线，便于临时停炉时点火操作；一路送入油-气联合燃烧器。

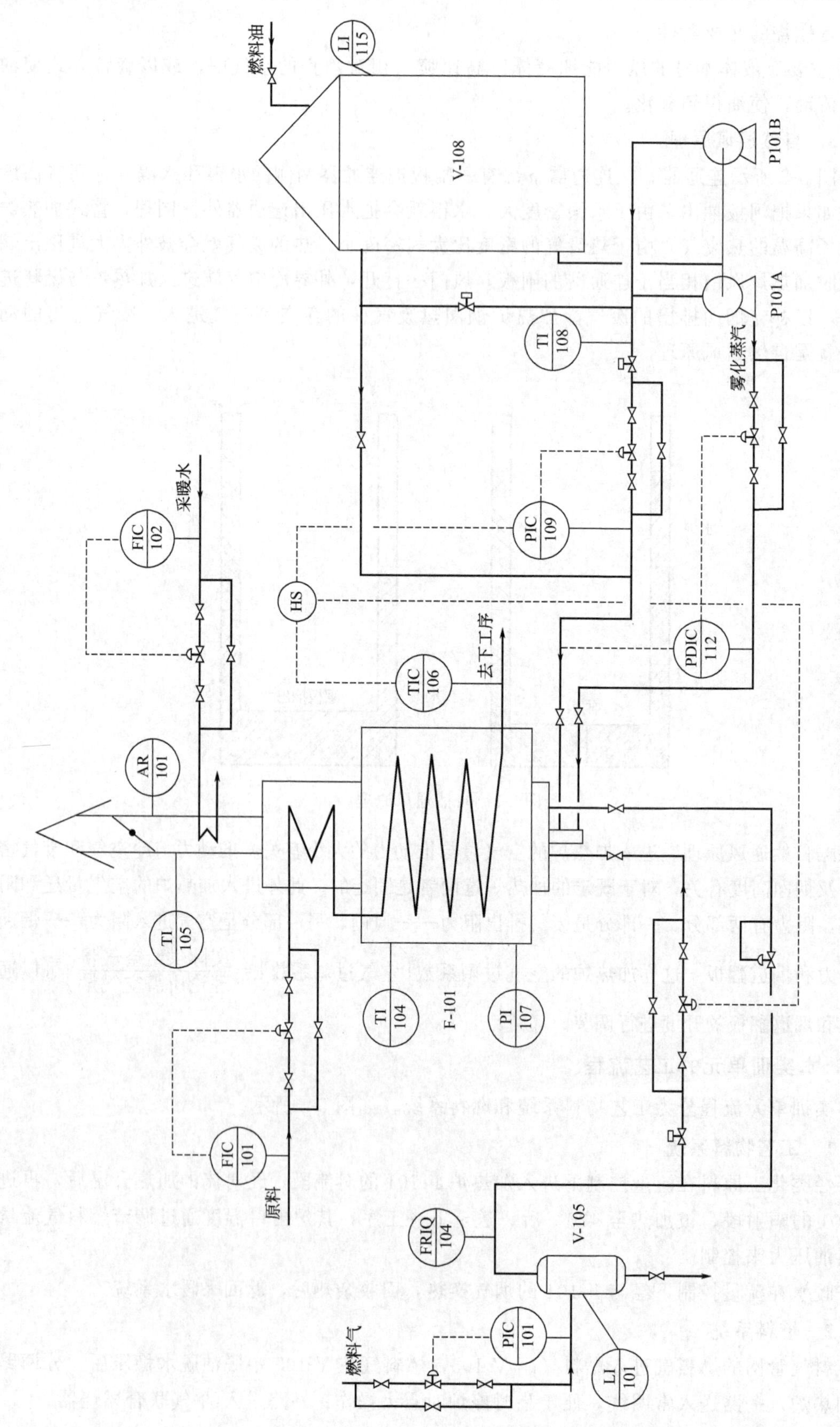

图5-3 管式加热炉带控制点的工艺流程

来自燃料油罐 V-108 的燃料油经 P101A/B 升压后，送至燃烧器火嘴前，用于维持火嘴前的油压，多余燃料油返回 V-108。

来自管网的雾化蒸汽与燃料油保持一定压差情况下送入燃料器，以使燃料油达到良好的雾化状态。

炉膛底部和中部设有来自管网的吹扫蒸汽，用于开车及紧急停车、事故时吹扫炉膛。

5.1.5 管式加热炉操作注意事项

如图 5-4 所示，可燃混合物经一管道流动，其速度分布沿断面是均匀的，点火后可形成一个平面的燃烧前沿。设气流速度为 ω，燃烧前沿的速度为 u；ω 与 u 的方向相反。燃烧前沿对管壁的相对位移有三种可能的情况。

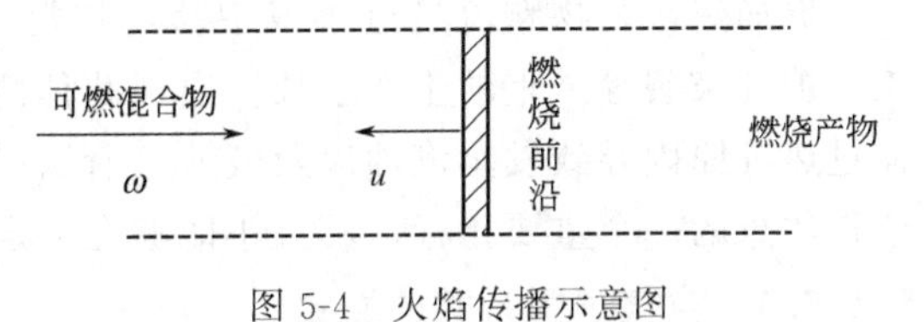

图 5-4 火焰传播示意图

① 如果 $|u|>|\omega|$，则燃烧前沿向气流上游方向移动。

② 如果 $|u|<|\omega|$，则燃烧前沿向气流下游方向移动。

③ 如果 $|u|=|\omega|$，则燃烧前沿驻定不动。

上述平整形状的燃烧前沿是当可燃混合物为层流流动或静止的情况下才能得到的。当湍流流动时，燃烧前沿将会是紊乱的、曲折的。

燃烧过程中应该保持火焰的稳定性，即在规定的燃烧条件下火焰能保持一定的位置和体积，既不回火，也不断火。

5.1.5.1 管式加热炉回火现象

当火焰传播速度与气流喷出速度之间的动平衡遭到破坏，火焰的传播速度大于气流喷出速度，这样火焰就会沿着燃料管道回燃，从而导致回火现象。因此为了防止回火，可燃混合气体从烧嘴流出速度必须大于某一临界速度，该临界速度与煤气成分、余热温度、烧嘴孔径及气流性质等因素有关。

5.1.5.2 管式加热炉断火现象

断火，即火焰脱离和熄灭，这种现象的发生一方面是气体喷出速度与火焰传播速度不相适应导致，另一方面是点火过程出现异常，这样的话就需要采取一些措施构成强有力点火源。

5.1.5.3 管式加热炉爆炸事故

管式加热炉的爆炸事故属于化工厂频发事故，其中约 80% 的爆炸是由于火焰熄灭、着火滞后或点火失败等原因所造成的。由此可见火焰不稳是造成爆炸事故的主要原因。采用火焰监测装置能够及时发现火焰的熄灭，同时还有利于点火过程的自动化和核实燃烧所需的正常条件。所以加热炉一般都有火焰监测装置。

未严格执行开炉顺序也是导致爆炸事故的主要原因，开炉顺序为：

① 吹扫炉膛，使炉膛内无可燃性气体；

② 点燃点火棒；

③ 通燃料气。

一定要严格执行以上操作顺序，否则就有爆炸危险。为方便开停炉操作，加热炉设置了长明线，这样炉膛内始终有火焰，就节省了吹扫和点火操作，需要时直接逐渐开大主燃料管线即可。这样也降低了操作的失误率。

长明线的设置要注意一定要在联锁控制阀之前引入，同时长明线上要安装减压阀，以防压力过高长明灯脱火。

5.1.5.4 液体燃料燃烧的注意事项

液体燃料燃烧除注意以上问题外，还需要注意雾化效果，本仿真系统采用雾化蒸汽进行雾化，所以一定要保证雾化蒸汽的压力。同时为保证液体燃料烧嘴处的压力和燃料量，一般要设置回油线，回油线上的阀门要全开，否则难以保证液体燃料烧嘴处的压力和燃料量。

5.1.5.5 被加热工艺物料流量过小或中断

被加热工艺物料流量过小或中断，物料在炉管停留时间变长或停滞，就会出现炉管结焦，炉管破裂等严重的生产事故。出现此种情况主要是工艺物料输送泵出现异常，被输送液体过热等原因导致发生汽蚀以及气缚。所以严密监视工艺物料输送泵，同时泵后的压力也是值得注意的一个重要指标，其大小能够在一定程度上反映出加热炉的工作状况。

5.1.5.6 空气过剩系数的控制

进入炉内的空气量一定保证燃料燃烧完全，否则可燃气体会在炉内积聚，炉膛内温度很高，爆炸条件已经满足。所以操作过程中切忌燃料流量大起大落。

5.1.6 管式加热炉的控制

5.1.6.1 管式加热炉出口温度的影响因素

由管式加热炉加热原理可知，对管式加热炉出口温度的影响应该有三方面因素：工艺物料的流量、燃料燃烧情况及产生的热量、加热炉的传热情况。

由于加热炉传热状况主要取决于其结构、炉管结焦情况以及保温效果，燃烧操作对其影响不是很显著，是不可控因素。

工艺物料的流量直接影响了出口温度，但一般情况下其流量在工艺上是不允许波动的，是不允许控制的量。

对于气体燃烧情况包含以下几个方面。

① 煤气的热值，这一因素一般是煤气成分发生了变化，需要加强对外供气源的管理。

② 煤气的压力，一般也是由于管网压力造成的，在管网煤气压力足够的情况下，应保持其稳定。

③ 煤气的流量，其表征了进入加热炉的燃料多少，是影响出口温度的主导因素，但是有时做到精确测量有些困难，可以通过测调节阀阀后压力来代替，当燃料是燃料油时采用这种方式，尤其是小流量高黏度油品。

④ 空气过剩系数，其一般大于1.0，以保证燃料燃烧完全，防止可燃气体在炉内的积聚，以致爆炸，但该值过大会使燃料耗量增加，即在煤气量不变的情况下，该值过大或过小都会使出口温度降低。该值与煤气成分有关，同时也受风门和烟道翻板开度的影响。

⑤ 空气与煤气的预热情况，空气与煤气在进入加热炉前预热，可大大提高加热炉的热效率。

对于液体燃烧情况除以上因素外还有雾化情况的影响，必须保持燃料油和雾化蒸汽保持一定的压差，否则对燃料油燃烧影响是比较显著的。

5.1.6.2 管式加热炉的控制系统

(1) 管式加热炉自动控制

① 主要参数的控制——加热炉出口温度。TIC106 工艺物流炉出口温度，TIC106 通过

一个切换开关 HS101。实现两种控制方案：其一是直接控制燃料气流量，其二是与燃料压力调节器 PIC109 构成串级控制。当第一种方案时：燃料油的流量固定，不做调节，通过 TIC106 自动调节燃料气流量控制工艺物流炉出口温度；当第二种方案时：燃料气流量固定，TIC106 和燃料压力调节器 PIC109 构成串级控制回路，控制工艺物流炉出口温度。

② 辅助参数的控制。对进入加热炉工艺物料的流量设置流量控制系统以稳定流量，即稳定所需热量；

对燃料气压力设置压力控制系统，以稳定进加热炉的燃料气压力；

对雾化蒸汽设置压差控制系统，以保证燃料油的良好雾化效果；

对采暖水流量设置流量控制系统，以保证对烟囱废气热量回收效果，同时保持一定的排烟温度，尽量减少露点腐蚀。

(2) 管式加热炉炉膛负压与含氧量的调节(表 5-1)　正常值：炉膛压力－2mmH_2O (1mmH_2O=9.80665Pa)；含氧量 4%。

表 5-1　炉膛压力和含氧量的调节方法参考表

序号	炉膛压力/mmH_2O	含氧量/%	烟道挡板	风门	备注
1	－1	2	先↑	视情况调节	
2	－1	6	视情况调节	先↓	
3	－3	2	视情况调节	先↑	
4	－3	6	先↓	视情况调节	

(3) 管式加热炉联锁保护　为保证加热炉安全运行，设置了如下联锁保护，但一旦联锁，不会自动复位，待回复正常后，必须人工复位。

① 联锁源。

a. 工艺物料进料量过低（FIC101<正常值的 50%）。

b. 雾化蒸汽压力过低（低于 7atm）。

② 联锁动作。

a. 关闭燃料气入炉电磁阀 S01。

b. 关闭燃料油入炉电磁阀 S02。

c. 打开燃料油返回电磁阀 S03。

对于联锁源 a，联锁动作为 abc；对于联锁源 b，联锁动作为 bc。

5.2　设备一览

见表 5-2。

表 5-2　主要设备一览表

序号	设备位号	设备名称	备注
1	V-105	燃料气分液罐	
2	V-108	燃料油贮罐	
3	F-101	管式加热炉	
4	P-101A	燃料油 A 泵	
5	P-101B	燃料油 B 泵	

5.3 正常操作指标

① 炉出口温度 TIC106：420℃；

② 炉膛温度 TI104：640℃；

③ 烟道气温度 TI105：210℃；

④ 烟道氧含量 AR101：4%；

⑤ 炉膛负压 PI107：-2.0mmH_2O；

⑥ 工艺物料量 FIC101：3072.5kg/h；

⑦ 采暖水流量 FIC102：9584kg/h；

⑧ V-105 压力 PIC101：2atm；

⑨ 燃料油压力 PIC109：6atm；

⑩ 雾化蒸汽压差 PDIC112：4atm。

5.4 本单元仪表一览表

见表 5-3。

表 5-3 仿真系统主要仪表一览表

位号	说　明	类型	正常值	量程上限	量程下限	工程单位	高报	低报	高高报	低低报
AR101	烟气氧含量	AI	4.0	21.0	0.0	%	7.0	1.5	10.0	1.0
FIC101	工艺物料进料量	PID	3072.5	6000.0	0.0	kg/h	4000.0	1500.0	5000.0	1000.0
FIC102	采暖水进料量	PID	9584.0	20000.0	0.0	kg/h	15000.0	5000.0	18000.0	1000.0
LI101	V-105 液位	AI	40～60.0	100.0	0.0	%				
LI115	V-108 液位	AI	40～60.0	100.0	0.0	%				
PIC101	V-105 压力	PID	2.0	4.0	0.0	atm(G)	3.0	1.0	3.5	0.5
PI107	烟膛负压	AI	-2.0	10.0	-10.0	mmH_2O	0.0	-4.0	4.0	-8.0
PIC109	燃料油压力	PID	6.0	10.0	0.0	atm(G)	7.0	5.0	9.0	3.0
PDIC112	雾化蒸汽压差	PID	4.0	10.0	0.0	atm(G)	7.0	2.0	8.0	1.0
TI104	炉膛温度	AI	640.0	1000.0	0.0	℃	700.0	600.0	750.0	400.0
TI105	烟气温度	AI	210.0	400.0	0.0	℃	250.0	100.0	300.0	50.0
TIC106	工艺物料炉	PID	420.0	800.0	0.0	℃	430.0	410.0	460.0	370.0
TI108	燃料油温度	AI		100.0	0.0	℃				
TI134	炉出口温度	AI		800.0	0.0	℃	430.0	400.0	450.0	370.0
TI135	炉出品温度	AI		800.0	0.0	℃	430.0	400.0	450.0	370.0
HS101	切换开关	SW			0					
MI101	风门开度	AI		100.0	0.0	%				
MI102	挡板开度	AI		100.0	0.0	%				

5.5 仿真界面

见图 5-5、图 5-6。

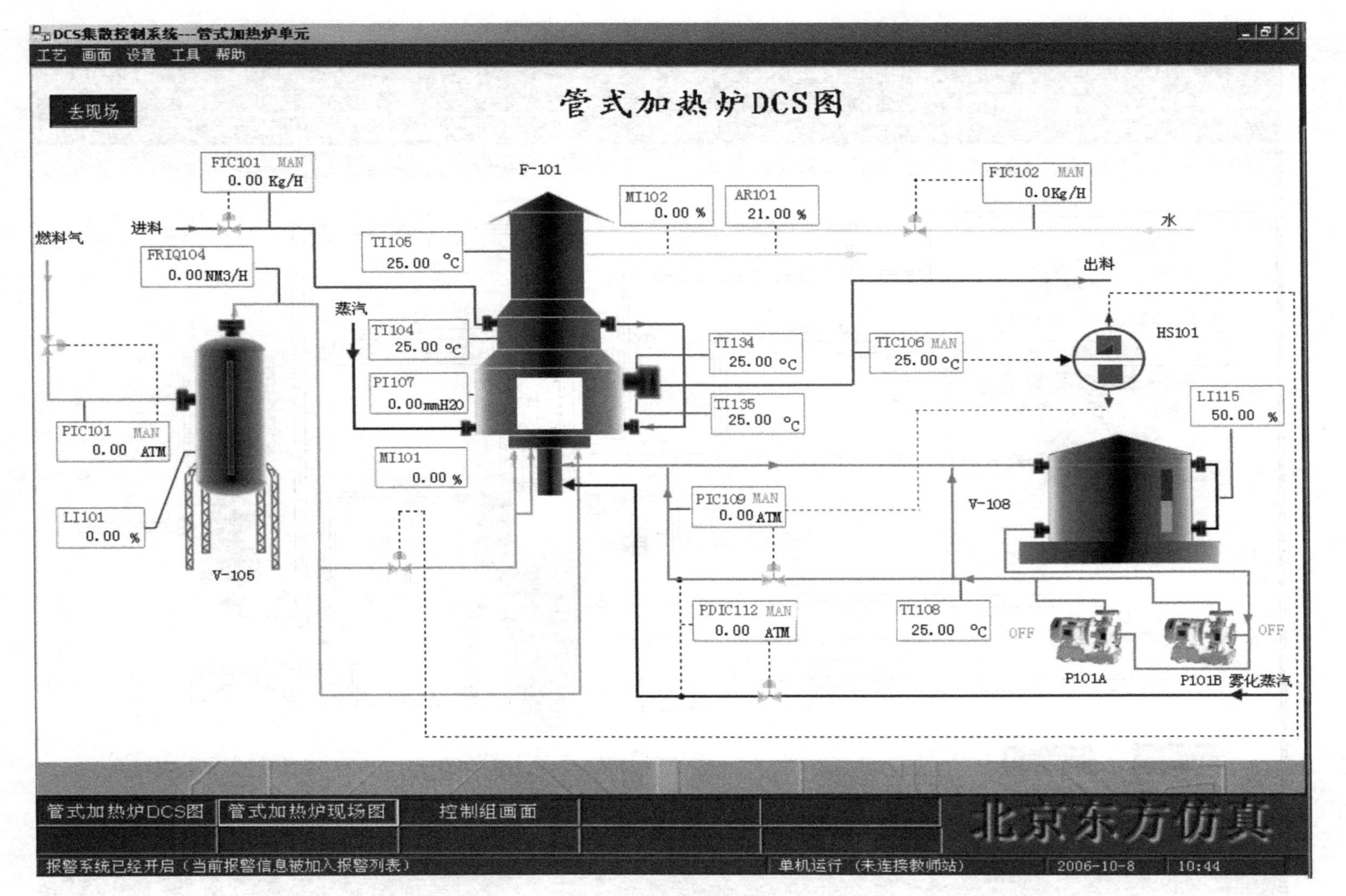

图5-5　管式加热炉DCS界面

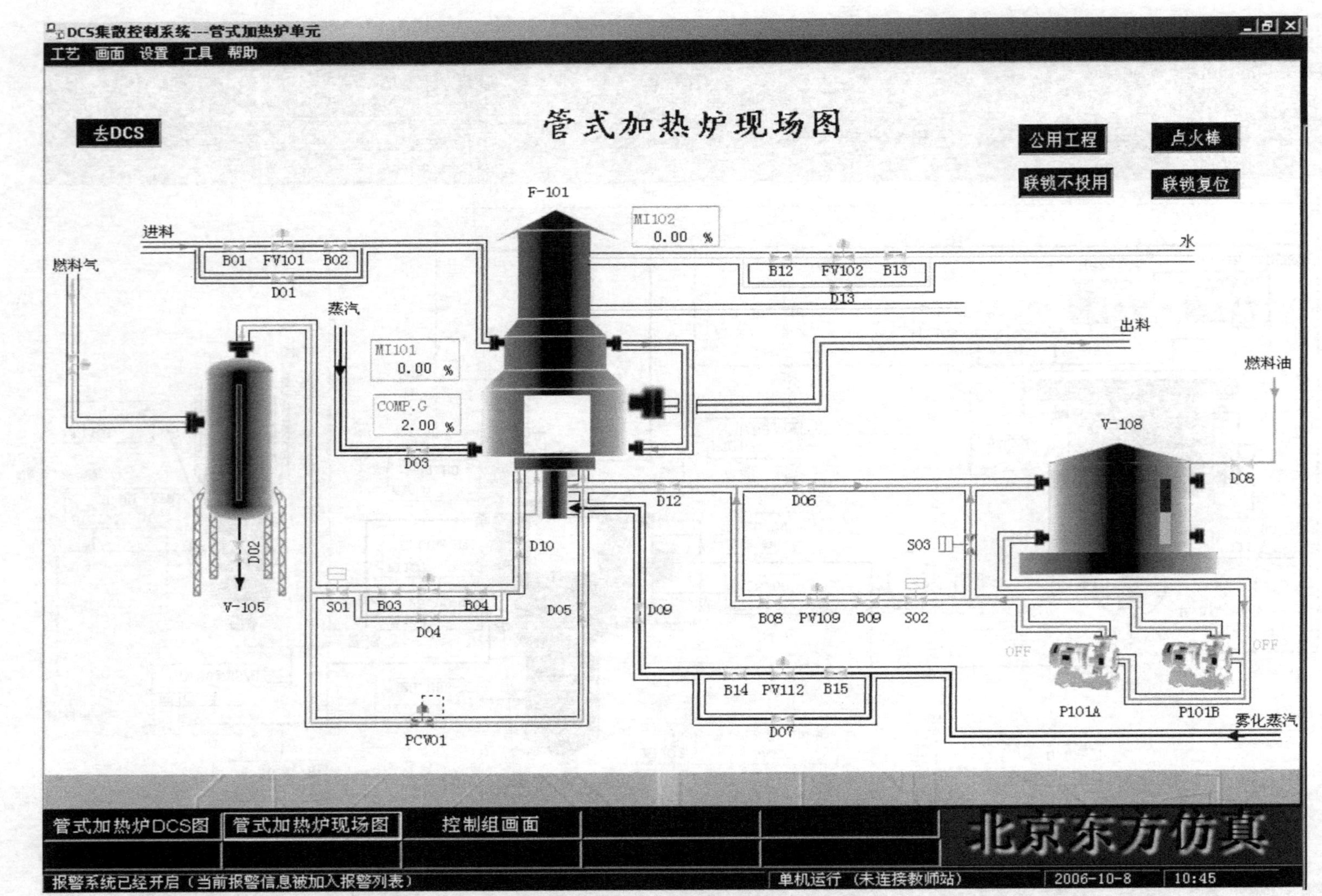

图5-6 管式加热炉现场界面

5.6 冷态开车

见表5-4。

表5-4 正常开车步骤及关键步骤简要说明

总分：480.00

操作过程	分值	操作步骤	关键步骤简要说明	备注
开车前的准备工作	30.00			
1.1	10.00	开启公用工程	公用工程即水(工业水、循环水)、电、气(中、低压蒸汽、氮气、仪表风、压缩空气等),不开启公用工程,系统没有蒸汽,无法吹扫炉膛	
1.2	10.00	启动联锁不投用	在开车过程中,各个参数一般都在联锁值的范围内,所以应启动联锁不投用,否则开车无法正常进行	
1.3	10.00	联锁复位	在开车前要进行联锁复位(该步必须在启动联锁不投用后操作),使得各个联锁阀门处于正常状态	
点火前的准备工作	70.00	联锁复位后该过程才能进行		
2.1	10.00	全开加热炉烟道挡板MI102	联锁复位后该步才能进行	
2.2	10.00	打开炉膛吹扫蒸汽阀D03,使炉膛通风		
2.3	10.00	待可燃性气体含量低于0.5%后,关闭吹扫蒸汽	COMP. G<0.5%	
2.4	10.00	调节MI10 130%左右	把风门和挡板开到适当的位置,保证开车过程中有必要的空气量	
2.5	10.00	同时调节MI102开度为30%左右,使炉膛正常通风	注意:此时烟气氧含量为21.0%即空气含氧量,开车过程中要密切关注此值,及时调整	
2.6	10.00	打开PIC101向V-105充燃料气		
2.7	10.00	罐V105内的压力保持在2atm	此时可以投自动,但注意不要超压(大于8atm),当加热炉未达到正常操作温度之前燃料气需要量很少,开车过程中要密切关注此值,及时调整,防止过高(扣分)与过低(加热炉温度难以升高)	
加热炉点火	20.00	罐V105内的压力大于0.5atm后该过程才能进行		
3.1	10.00	开启点火棒	先点火后通气	
3.2	10.00	待V-105罐压力大于0.5atm后,打开常明线根部阀D05		
加热炉升温	50.00	点火成功后该过程才能进行		
4.1	10.00	确认点火成功后,打开TIC106的前手阀B03		
4.2	10.00	确认点火成功后,打开TIC106的后手阀B04		
4.3	10.00	稍开TIC106阀(<10%)	TIC106的OP要小于10%	
4.4	10.00	全开根部阀D10		

续表

操作过程	分值	操作步骤	关键步骤简要说明	备注
4.5	10.00	调节 TIC106 阀，使炉膛温度缓慢升至 180℃	此步的升温过程原则上要慢，并且要注意烟气含氧量，尽量避免烟气含氧量大起大落（最好控制在 8％以上） 该步炉膛温度大于 160℃开始评分，大于 200℃停止评分	此步是烘炉过程

当炉膛温度（TI104）大于等于 180℃后，要密切关注烟气含氧量和炉膛负压，使烟气含氧量控制在 0～8％范围内，炉膛负压控制在－3.5～0 范围内，否则 7.3、7.4 步会出现错误，得不到该有的分值

操作过程	分值	操作步骤	关键步骤简要说明	备注
工艺物料进料	100.00	炉膛温度（TI104）大于等于 180℃后该过程才能进行		
5.1	10.00	待炉膛温度达 180℃后，打开 FIC101 的前手阀 B01		
5.2	10.00	待炉膛温度达 180℃后，打开 FIC101 的后手阀 B02		
5.3	10.00	稍开 FIC101（＜10％），引进工艺物料	FIC101 的 OP 要小于 10％	
5.4	10.00	同时打开采暖水调节阀 FIC102 的前手阀 B13		
5.5	10.00	同时打开采暖水调节阀 FIC102 的后手阀 B12		
5.6	10.00	稍开 FIC102（＜10％），引进采暖水	FIC102 的 OP 要小于 10％	
5.7	10.00	在升温过程中，逐步调节 FIC101，使其流量指示达到正常，稳定进料物料 3000 左右		
5.8	10.00	在升温过程中，逐步调节 FIC102，使其流量指示达到正常，进水流量稳定在 10000 左右		
5.9	10.00	流量稳定后将 FIC101 投自动		
5.10	10.00	流量稳定后将 FIC102 投自动		
启动燃料油系统	150.00	炉膛温度（TI104）大于等于 180℃后该过程才能进行		
6.1	10.00	打开雾化蒸汽调节阀 PDIC112 的前手阀 B15	FIC101.PV＞3000 以及 FIC102.PV＞10000 这几步才能进行	
6.2	10.00	打开雾化蒸汽调节阀 PDIC112 的后手阀 B14		
6.3	10.00	再稍开 PDIC112		
6.4	10.00	然后打开雾化蒸汽根部阀 D09		
6.5	10.00	打开燃料油返回 V-108 罐阀 D06	D06 的开度要为 100％	
6.6	10.00	启动燃料油泵 P101A		
6.7	10.00	打开燃料油调节阀 PIC109 的前手阀 B09	0＜PDIC112.OP＜10 这几步才能进行	
6.8	10.00	打开燃料油调节阀 PIC109 的后手阀 B08		
6.9	10.00	稍开 PIC109 调节阀（＜10％），建立燃料油循环系统		
6.10	10.00	打开燃料油根部阀，引燃料油入火嘴		
6.11	10.00	打开 V-108 进料阀 D08，保持贮罐液位为 50％	PDIC112.OP＞10 以及 PIC109.OP＞10 这步才能进行，在逐渐开大 PV112 及 PV109 过程中要注意协调。使雾化蒸汽压力大于燃料油压力	

续表

操作过程	分值	操作步骤	关键步骤简要说明	备注
6.12	10.00	调节 PIC109 燃料油压力控制在 6atm 左右		
6.13	10.00	调节 PDIC112 使雾化蒸汽压力控制在 4atm 左右		
6.14	10.00	当压力稳定后将 PIC109 投自动		
6.15	10.00	当压力稳定后将 PDIC112 投自动		
调整与控制	60.00	炉膛温度(TI104)大于等于 180℃后该过程才能进行		
7.1	10.00	调节 TV106,逐步升温,使 TIC106 温度控制在 420℃左右		
7.2	10.00	调节 TV106,逐步升温,使炉膛温度控制在 640℃左右		
7.3	10.00	在升温过程中,逐步调节风门开度使烟气氧含量为 4%左右		
7.4	10.00	在升温过程中,调节 MI102 使炉膛负压为-2.0mmH_2O左右		
7.5	10.00	烟道气出口温度	标准值:210	
7.6	10.00	联锁投入		

5.7 管式加热炉的控制与联锁系统

5.7.1 串级控制系统

为了改善控制品质，满足生产的需要，石油化工和炼油厂中的加热炉大多采用串级系统。对于加热炉的串级控制方案，由于扰动因素以及炉子型式不同，可以选择不同的副变加热炉串级控制的形式，主要有以下几种：

① 炉出口温度对炉膛温度的串级控制；

② 炉出口温度对燃料油（或气）流量的串级控制；

③ 炉出口温度对燃料油（或气）阀后压力的串级控制；

④ 采用压力平衡式控制阀（浮动阀）的控制。

5.7.1.1 炉出口温度对炉膛温度的串级控制

该控制方案如图 5-7 所示。当受到扰动因素例如燃料油（或气）的压力、热值、烟囱抽力等作用后，首先将反映炉膛温度的变化，以后再影响到炉出口温度，而前者滞后较后者小。根据某厂测试，前者仅为 3min，而后者长达 15min。采用炉出口温度对炉膛温度串级后，就把原来滞后的对象一分为二，副回路起超前作用，能使这些扰动因素一旦影响炉膛温度时，就迅速采取控制手段，这将显著改善控制质量。

这种串级控制方案对下述情况更为有效。

① 热负荷较大，而热强度较小。即不允许炉膛温度有较大波动，以免影响设备。

② 当主要扰动是燃料油或气的热值变化（即组分变化）时，其他串级控制方案的内环无法感受。

③ 在同一个炉膛内有两组炉管，同时加热两种物料。此时虽然仅控制一组温度，但另

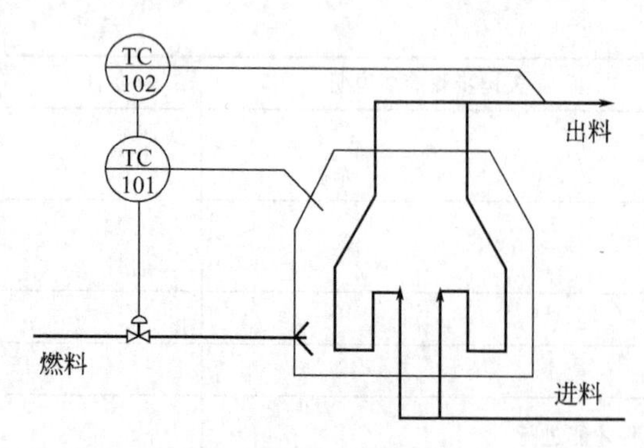

图 5-7 炉出口温度对炉膛温度的串级控制

一组亦较平稳。

由于把炉膛温度作为副变量，因此采用这种方案时还应注意下述几个方面。

① 应选择有代表性的炉膛温度检测点，而且要反应快。但选择时较困难，特别是对圆筒炉。

② 为了保护设备，炉膛温度不应有较大波动，所以在参数整定时，对于副控制器不应整定得过于灵敏，且不加微分作用。

③ 由于炉膛温度较高，测温元件及其保护套管材料必须耐高温。

5.7.1.2 炉出口温度对燃料油（或气）流量的串级控制

一般情况下虽然对燃料油压力进行了控制，但在操作过程中，发现燃料流量的较小波动成为外来主要扰动因素时，则可以考虑采用炉子出口温度对燃料油（或气）流量的串级控制，如图 5-8 所示。这种方案的优点是当燃料油（或气）流量发生变化后，还未影响到炉出口温度，其内环即先进行调节，以减小甚至消除燃料油（或气）流量的扰动，从而改善了控制质量。

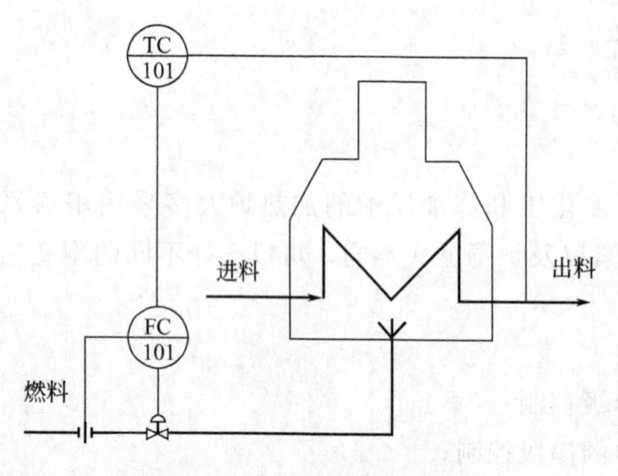

图 5-8 炉出口温度对燃料油（或气）流量的串级控制

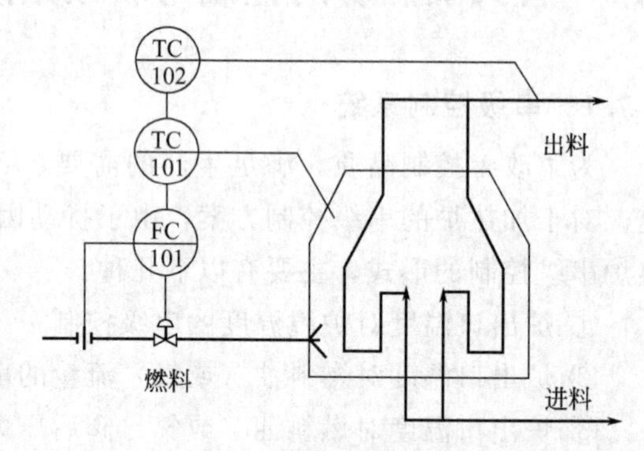

图 5-9 炉出口温度对炉膛温度、燃料油（或气）流量的串级控制

在某些特殊情况下，可组成炉出口温度、炉膛温度、燃料油流量的三个参数的串级控制如图 5-9 所示。但该方案使用仪表多，且整定困难。

5.7.1.3 炉出口温度对燃料油（或气）阀后压力的串级控制

加热炉所需燃料油量较少或其输送管道较小时，其流量测量较困难，特别是应用黏度较大重质燃料油时更难测量。一般来说，压力测量较流量方便，因此可以采用炉出口温度对燃料油（或气）阀后压力的串级控制，如图 5-10 所示。

该方案应用较广。采用该方案时，需要注意的是，如果燃料喷嘴部分堵塞，也会使阀后压力升高，此时副控制器的动作使阀门关小，这是不适宜的。因此，在运行时必须防止这种现象发生。特别是采用重质燃料油或燃料气中夹带着液体时更要注意。

除以上三种以外，还有一种针对气态燃料采用的压力平衡式控制阀的控制，这里不再

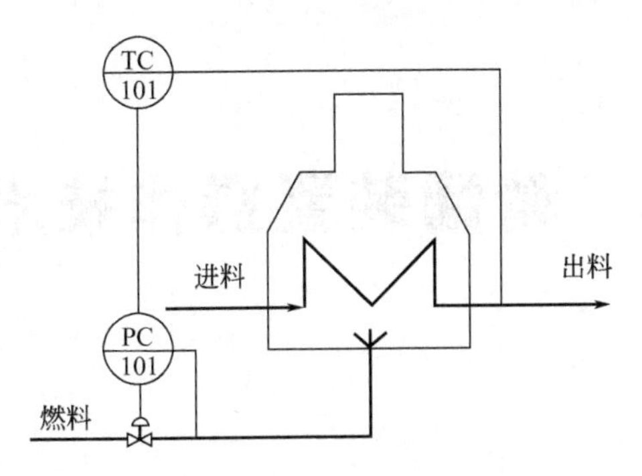

图 5-10　炉出口温度对燃料油（或气）阀后压力的串级控制

赘述。

5.7.2　安全联锁系统

由 5.1.5 管式加热炉操作注意事项可知，管式加热炉容易出现安全事故，所以一般情况下，为保证其安全运行，设置如下安全联锁装置。

（1）以燃料气为燃料的加热炉

① 炉出口温度与控制阀后压力的选择性控制系统。正常生产时，由温度控制器工作。当由于某种扰动作用，使控制阀阀后压力过高，达到安全极限时，压力控制器就通过低值选择器取代温度控制工作，关小控制阀防止脱火。一旦正常后，仍由温度控制器工作。

② 燃料气流量过低联锁报警系统。当燃料气流量低到一定极限时，联锁动作，切断燃料气阀，以防止回火发生事故。

③ 工艺物料流量低联锁报警系统。当工艺物料流量过低或中断时，联锁动作，切断燃料气阀。

④ 火焰检测器开关。当火焰熄灭时，开关动作，切断燃料气阀，以阻止燃烧室内形成燃料气—空气混合物造成爆炸事故。

（2）以燃料油为燃料的加热炉　其联锁装置与以燃料气为燃料的加热炉基本相似，仅仅是把火焰检测器换成雾化蒸汽压力过低联锁保护装置。

6 精馏装置操作技术

6.1 精馏操作原理

6.1.1 精馏操作任务

精馏的操作任务是，在满足产品质量合格的前提下，使总的收益最大或总的成本最小。应该从质量指标（产品纯度）、产品产量和能量消耗三个方面进行考虑。

6.1.2 精馏工作原理

根据 t-x-y 图，在恒压条件下，通过多次部分气化和多次部分冷凝，最终可以获得几乎纯态的易挥发组分和难挥发组分，但得到的气相量和液相量却越来越少。

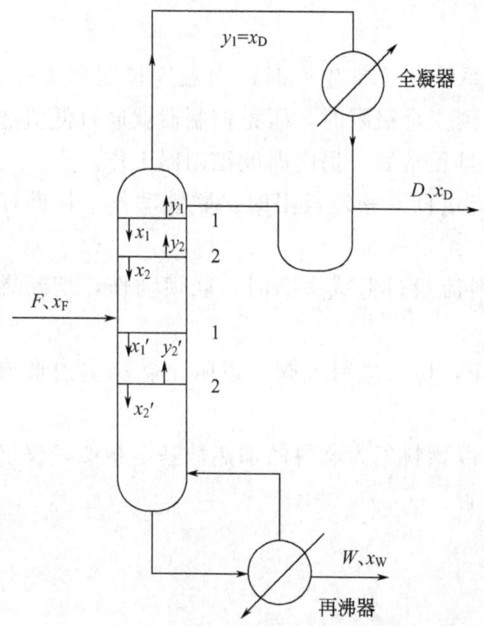

图 6-1 工业生产中常用精馏流程

工业生产中常常采用图 6-1 所示的流程进行操作。连续精馏装置主要包括精馏塔，蒸馏釜（或称再沸器）等。精馏塔常采用板式塔，也可采用填料塔。加料板以上的塔段，称为精馏段；加料板以下的塔段（包括加料板），称为提馏段。连续精馏装置在操作过程中连续加料，塔顶塔底连续出料，故是一稳定操作过程。

塔板的作用是提供气液分离的场所；每一块塔板是一个混合分离器，并且足够多的板数可使各组分较完全分离。经过若干块塔板上的传质后（塔板数足够多），即可达到对溶液中各组分进行完全分离的目的。

回流的主要作用就是提供不平衡的气液两相，从而构成气液两相接触传质的必要条件。

注意：工业用精馏塔内由于塔顶的液相回流和塔底的气相回流，为每块塔板提供了气、液来源。

工业上用板式塔或填料塔分离液体均相混合物。

精馏过程的基础是传质，而液相回流和气相回流（釜内产生蒸气）为气液两相间的传质提供了必要的条件。由于两组分挥发度的差异（即 $\alpha>1$），使之气液两相接触时轻组分较多地转入气相，重组分较多地转入液相，这是由相平衡关系所决定，也正是因为物系的 $\alpha>1$，所以只需将部分产品作为液相回流即可。可见，回流是一种工程上利用各组分挥发度不同而使液体混合物进行高纯度分离的一种手段。

6.1.3 精馏塔结构

6.1.3.1 板式塔的结构

板式塔结构如图 6-2 所示。它是由圆柱形壳体、塔板、气体和液体进、出口等部件组成的。操作时，塔内液体依靠重力作用，自上而下流经各层塔板，并在每层塔板上保持一定的液层，最后由塔底排出。气体则在压力差的推动下，自下而上穿过各层塔板上的液层，在液层中气液两相密切而充分的接触，进行传质传热，最后由塔顶排出。在塔中，使两相呈逆流流动，以提供最大的传质推动力。

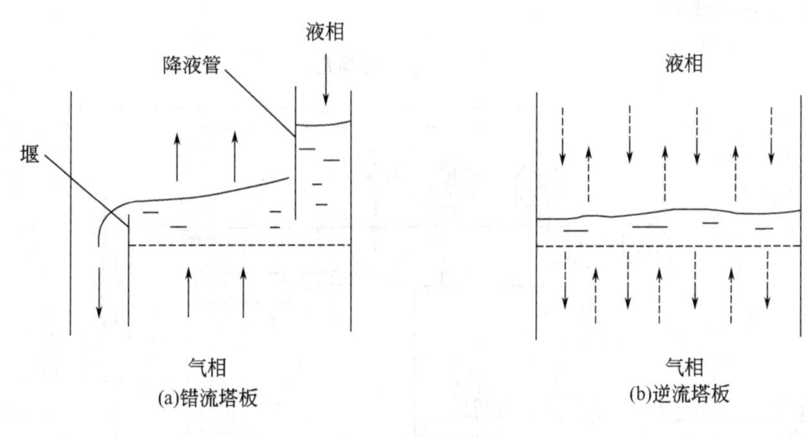

图 6-2 塔板分类

塔板是板式塔的核心构件，其功能是提供气、液两相保持充分接触的场所，使之能在良好的条件下进行传质和传热过程。

6.1.3.2 塔板的类型

塔板有错流、逆流两种，见表 6-1。

表 6-1 塔板的分类

分类	结构	特点	应用
错流塔板	塔板间设有降液管。液体横向流过塔板，气体经过塔板上的孔道上升，在塔板上气、液两相呈错流接触，如图 6-2(a)所示	适当安排降液管位置和溢流堰高度，可以控制板上液层厚度，从而获得较高的传质效率。但是降液管约占塔板面积的 20%，影响了塔的生产能力，而且，液体横过塔板时要克服各种阻力，引起液面落差，液面落差大时，能引起板上气体分布不均匀，降低分离效率	应用广泛
逆流塔板	塔板间无降液管，气、液同时由板上孔道逆向穿流而过，如图 6-2(b)所示	结构简单、板面利用充分，无液面落差，气体分布均匀，但需要较高的气速才能维持板上液层，操作弹性小，效率低	应用不及错流塔板广泛

在生产中应用最广泛的是浮阀塔板。

浮阀塔板的阀片可随气速变化而升降。阀片上装有限位的三条腿，插入阀孔后将阀腿底脚旋转 90°，限制操作时阀片在板上升起的最大高度，使阀片不被气体吹走。阀片周边冲出几个略向下弯的定距片。浮阀的类型很多，常用的有 F_1 型、V-4 型及 T 型等。

优点：结构简单，制造方便，造价低。塔板的开孔面积大，生产能力大。操作弹性大。塔板效率高。

缺点：不易处理易结焦、黏度大的物料；操作中有时会发生阀片脱落或卡死等现象，使塔板效率和操作弹性下降。

6.1.4 本实训单元的工艺流程

如图 6-3 所示，原料为 67.8℃脱丙烷塔的釜液（主要有 C_4、C_5、C_6、C_7 等），由脱丁烷塔（DA-405）的第 16 块板进料（全塔共 32 块板），进料量由流量控制器 FIC101 控制。灵敏板温度由调节器 TC101 通过调节再沸器加热蒸气的流量，来控制提馏段灵敏板温度，从而控制丁烷的分离质量。

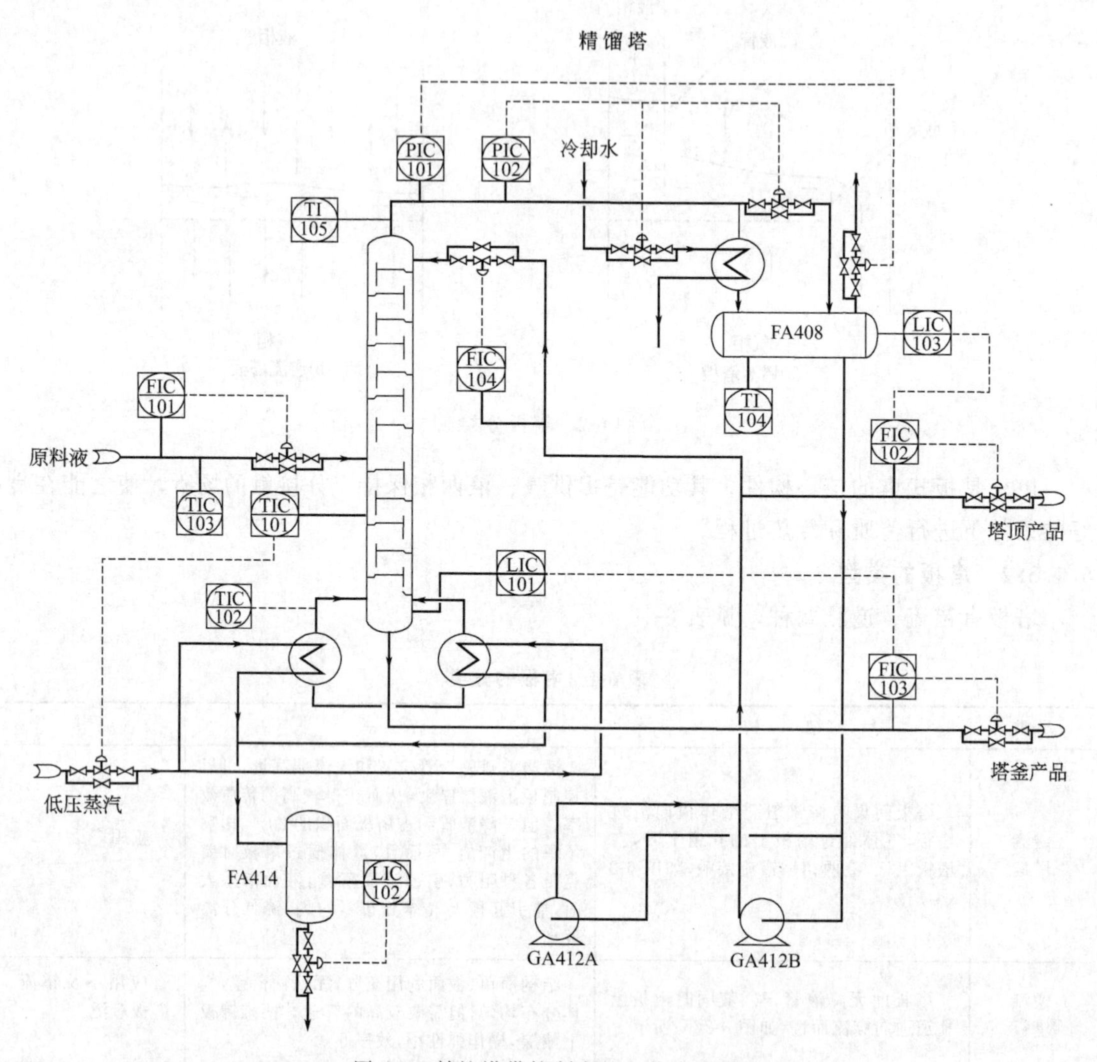

图 6-3 精馏塔带控制点的工艺流程图

脱丁烷塔塔釜液（主要为 C_5 以上馏分）一部分作为产品采出，一部分经再沸器（EA-418A、B）部分气化为蒸气从塔底上升。塔釜的液位和塔釜产品采出量由 LC101 和 FC102 组成的串级控制器控制。再沸器采用低压蒸气加热。塔釜蒸气缓冲罐（FA-414）液位由液位控制器 LC102 调节底部采出量控制。

塔顶的上升蒸气（C_4 馏分和少量 C_5 馏分）经塔顶冷凝器（EA-419）全部冷凝成液体，该冷凝液靠位差流入回流罐（FA-408）。塔顶压力 PC102 采用分程控制：在正常的压力波动下，通过调节塔顶冷凝器的冷却水量来调节压力，当压力超高时，压力报警系统发出报警信号，PC102 调节塔顶至回流罐的排气量来控制塔顶压力调节气相出料。操作压力 4.25atm（表压），高压控制器 PC101 将调节回流罐的气相排放量，来控制塔内压力稳定。冷凝器以冷却水为载热体。回流罐液位由液位控制器 LC103 调节塔顶产品采出量来维持恒定。回流罐中的液体一部分作为塔顶产品送下一工序，另一部分液体由回流泵（GA-412A、B）送回塔顶作为回流，回流量由流量控制器 FC104 控制。

6.1.5　精馏操作注意事项

6.1.5.1　板式塔内气液两相的非理想流动

(1) 空间上的反向流动　空间上的反向流动是指与主体流动方向相反的液体或气体的流动，主要有两种。

① 雾沫夹带。板上液体被上升气体带入上一层塔板的现象称为雾沫夹带。雾沫夹带量主要与气速和板间距有关，其随气速的增大和板间距的减小而增加。

雾沫夹带是一种液相在塔板间的返混现象，使传质推动力减小，塔板效率下降。为保证传质的效率，维持正常操作，正常操作时应控制雾沫夹带量不超过 0.1kg(液体)/kg(干气体)。

② 气泡夹带。由于液体在降液管中停留时间过短，而气泡来不及解脱被液体带入下一层塔板的现象称为气泡夹带。气泡夹带是与气体的流动方向相反的气相返混现象，使传质推动力减小，降低塔板效率。

通常在靠近溢流堰一狭长区域不开孔，称为出口安定区，使液体进入降液管前有一定时间脱除其中所含的气体，减少气相返混现象。为避免严重的气泡夹带，工程上规定，液体在降液管内应有足够的停留时间，一般不得低于 5s。

(2) 空间上的不均匀流动　空间上的不均匀流动是指气体或液体流速的不均匀分布。与返混现象一样，不均匀流动同样使传质推动力减少。

① 气体沿塔板的不均匀分布。从降液管流出的液体横跨塔板流动必须克服阻力，板上液面将出现位差，塔板进、出口侧的清液高度差称为液面落差。液面落差的大小与塔板结构有关，还与塔径和液体流量有关。液体流量越大，行程越大，液面落差越大。

由于液面落差的存在，将导致气流的不均匀分布，在塔板入口处，液层阻力大，气量小于平均数值；而在塔板出口处，液层阻力小，气量大于平均数值，如图 6-4 所示。

不均匀的气流分布对传质是个不利因素。为此，对于直径较大的塔，设计中常采用双溢流或阶梯溢流等溢流形式来减小液面落差，以降低气体的不均匀分布。

② 液体沿塔板的不均匀流动。液体自塔板一端流向另一端时，在塔板中央，液体行程较短而直，阻力小，流速大。在塔板边缘部分，行程长而弯曲，又受到塔壁的牵制，阻力大，因而流速小。因此，液流量在塔板上的分配是不均匀的。这种不均匀性的严重发展会在塔板上造成一些液体流动不畅的滞留区，如图 6-5 所示。

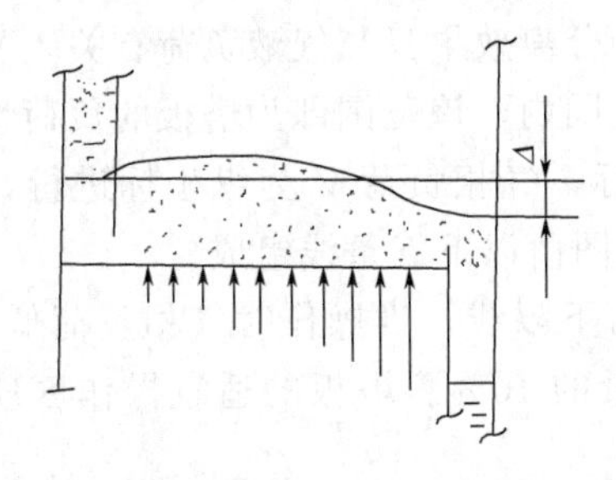

图 6-4　气体沿塔板的不均匀分布

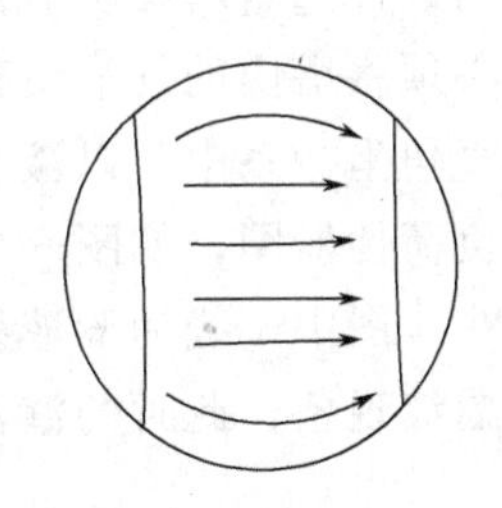

图 6-5　液体沿塔板的不均匀流动

与气体分布不均匀相仿，液流不均匀性所造成的总结果使塔板的物质传递量减少，是不利因素。液流分布的不均匀性与液体流量有关，低流量时该问题尤为突出，可导致气液接触不良，易产生干吹、偏流等现象，塔板效率下降。为避免液体沿塔板流动严重不均，操作时一般要保证出口堰上液层高度不得低于 6mm 时，否则宜采用上缘开有锯齿形缺口的堰板。

塔板上的非理想流动虽然不利于传质过程的进行，影响传质效果，但塔还可以维持正常操作。

6.1.5.2 板式塔的异常操作现象

如果板式塔设计不良或操作不当，塔内将会产生使塔不能正常操作的现象，通常指液泛和漏液两种情况。

(1) 漏液 气体通过筛孔的速度较小时，气体通过筛孔的动压不足以阻止板上液体的流下，液体会直接从孔口落下，这种现象称为漏液。漏液量随孔速的增大与板上液层高度的降低而减小。漏液会影响气液在塔板上的充分接触，降低传质效果，严重时将使塔板上不能积液而无法操作。正常操作时，一般控制漏液量不大于液体流量的 10%。

塔板上的液面落差会引起气流分布不均匀，在塔板入口处由于液层较厚，往往出现倾向性漏液，为此常在塔板液体入口处留出一条不开孔的区域，称为安定区。

(2) 液泛 为使液体能稳定地流入下一层塔板，降液管内须维持一定高度的液柱。气速增大，气体通过塔板的压降也增大，降液管内的液面相应地升高；液体流量增加，液体流经降液管的阻力增加，降液管液面也相应地升高。如降液管中泡沫液体高度超过上层塔板的出口堰，板上液体将无法顺利流下，液体充满塔板之间的空间，即液泛。液泛是气液两相作逆向流动时的操作极限。发生液泛时，压力降急剧增大，塔板效率急剧降低，塔的正常操作将被破坏，在实际操作中要避免。

根据液泛发生原因不同，可分为两种情况：塔板上液体流量很大，上升气体速度很高时，雾沫夹带量剧增，上层塔板液层增厚，塔板液流不畅，液层迅速积累，以致液泛，这种由于严重的雾沫夹带引起的液泛称为夹带液泛。当塔内气、液两相流量较大，导致降液管内阻力及塔板阻力增大时，均会引起降液管液层升高。当降液管内液层高度难以维持塔板上液相畅通时，降液管内液层迅速上升，以致达到上一层塔板，逐渐充满塔板空间，即发生液泛。并称之为降液管液泛。

开始发生液泛时的气速称之为泛点气速。正常操作气速应控制在泛点气速之下。影响液泛的因素除气、液相流量外，还与塔板的结构特别是塔板间距有关。塔板间距增大，可提高泛点气速。

6.1.5.3 塔板的负荷性能图及操作分析

影响板式塔操作状况和分离效果的主要因素为物料性质、塔板结构及气液负荷，对一定的分离物系，当设计选定塔板类型后，其操作状况和分离效果只与气液负荷有关。要维持塔板正常操作，必须将塔内的气液负荷限制在一定的范围内，该范围即为塔板的负荷性能。将此范围绘制在直角坐标系中，以液相负荷 L 为横坐标，气相负荷 V 为纵坐标进行，所得图形称为塔板的负荷性能图，如图 6-6 所示。负荷性能图由以下五条线组成。

(1) 漏液线 图中 1 线为漏液线，又称气相负荷下限线。当操作时气相负荷低于此线，将发生严重的漏液现象，此时的漏液量大于液体流量的 10%。塔板的适宜操作区应在该线以上。

(2) 液沫夹带线 图中 2 线为液沫夹带线，又称气相负荷上限线。如操作时气液相负荷超过此线，表明液沫夹带现象严重，此时液沫夹带量大于0.1kg（液）/kg（气）。塔板的适宜操作区应在该线以下。

（3）液相负荷下限线　图中3线为液相负荷下限线。若操作时液相负荷低于此线，表明液体流量过低，板上液流不能均匀分布，气液接触不良，塔板效率下降。塔板的适宜操作区应在该线以右。

（4）液相负荷上限线　图中4线为液相负荷上限线。若操作时液相负荷高于此线，表明液体流量过大，此时液体在降液管内停留时间过短，发生严重的气泡夹带，使塔板效率下降。塔板的适宜操作区应在该线以左。

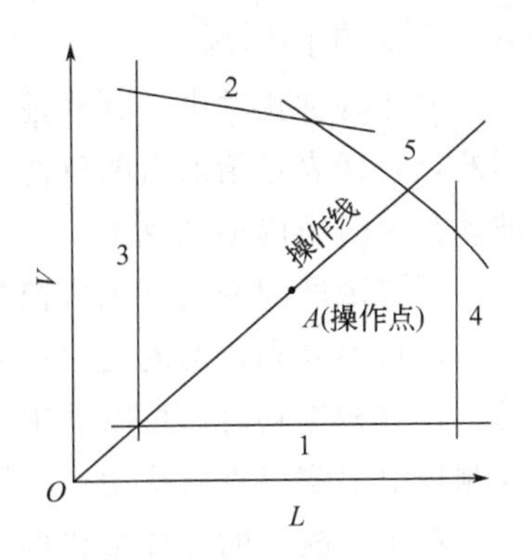

图6-6　塔板的负荷性能图

（5）液泛线　图中5线为液泛线。若操作时气液负荷超过此线，将发生液泛现象，使塔不能正常操作。塔板的适宜操作区在该线以下。

在塔板的负荷性能图中，五条线所包围的区域称为塔板的适宜操作区，在此区域内，气液两相负荷的变化对塔板效率影响不太大，故塔应在此范围内进行操作。

操作时的气相负荷V与液相负荷L在负荷性能图上的坐标点称为操作点。在连续精馏塔中，操作的气液比V/L为定值，因此，在负荷性能图上气液两相负荷的关系为通过原点、斜率为V/L的直线，该直线称为操作线。操作线与负荷性能图的两个交点分别表示塔的上下操作极限，两极限的气体流量之比称为塔板的操作弹性。设计时，应使操作点尽可能位于适宜操作区的中央，若操作线紧靠某条边界线，则负荷稍有波动，塔即出现不正常操作。

应予指出，当分离物系和分离任务确定后，操作点的位置即固定，但负荷性能图中各条线的相应位置随着塔板的结构尺寸而变。因此，在设计塔板时，根据操作点在负荷性能图中的位置，适当调整塔板结构参数，可改进负荷性能图，以满足所需的操作弹性。例如：加大板间距可使液泛线上移，减小塔板开孔率可使漏液线下移、增加降液管面积可使液相负荷上限线右移等。

塔板负荷性能图在板式塔的设计及操作中具有重要的意义。设计时使用负荷性能图可以检验设计的合理性，操作时使用负荷性能图，以分析操作状况是否合理，当板式塔操作出现问题时，分析问题所在，为解决问题提供依据。

6.1.6　精馏塔的控制

6.1.6.1　精馏过程的影响因素

影响精馏过程的主要因素可概括如下：

① 进料量；

② 进料浓度；

③ 进料温度和进料状态；

④ 再沸器的加热量；

⑤ 冷凝器的冷却量；

⑥ 回流量；

⑦ 塔顶采出量；

⑧ 塔底采出量；

⑨ 塔压的影响。

上述各种扰动中，有些是可控制的，有些是不可控制的。一般情况下，进料量是不可控制的，它代表着精馏塔的负荷，它变化那么整个塔的气液接触情况就发生了大的波动，这种波动在短时间内很难克服。

进料浓度的变动是无法控制的，它由上一工序所决定，但一般说来变化是缓慢的。

进料温度和状态的变化，对塔的操作影响较大。为了维持塔操作的能量平衡和稳定运行，在单相进料时，可以采用进料温度控制，以便克服这种扰动。在两相进料时，则可设法控制热焓恒定以克服扰动。

对于冷凝器的冷却量和再沸器的加热量，一般都用定值控制系统来加以稳定。

总之，为了克服塔的主要扰动，可采用以下控制手段：

① 塔顶采出量；

② 塔底采出量；

③ 回流罐排气量；

④ 回流量；

⑤ 再沸器加热量；

⑥ 冷凝器冷却量。

前三个量是通过影响全塔的物料平衡与塔的内部平衡，从而起到控制作用；后三个量直接改变塔的能量平衡关系和改变塔内气液比，从而起到控制产品质量的作用。

6.1.6.2 精馏塔的质量指标选取

精馏塔最直接的质量指标是产品纯度。过去由于检测上的困难，难以直接按产品纯度进行控制。现在随着分析仪表的发展，特别是工业色谱仪的在线应用，已逐渐出现直接按产品纯度来控制的方案。然而，这种方案目前仍受到两方面条件的制约，一是测量过程滞后很大，反应缓慢，二是分析仪表的可靠性较差，因此，它们的应用仍然是很有限的。

最常用的间接质量指标是温度。因为对于一个二元组分精馏塔来说，在一定压力下，温度与产品纯度间存在着单值的函数关系。因此，如果压力恒定，则塔板温度就间接反映了浓度。对于多元精馏塔来说，虽然情况比较复杂，但仍然是可以看做在压力恒定条件下，塔板温度改变能间接反映浓度的变化。

采用温度作为被控的质量指标时，选择塔内哪一点的温度或几点温度作为质量指标，这是颇为关键的事。

一般认为塔顶或塔底的温度似乎最能代表塔顶或塔底的产品质量。其实，当分离的产品较纯时，在邻近塔顶或塔底的各板之间，温度差已经很小，这时，塔顶或塔底温度变化0.5℃，可能已超出产品质量的允许范围。因而，对温度检测仪表的灵敏度和控制精度都提出了很高的要求，但实际上却很难满足。解决这一问题的方法是在塔顶或塔底与进料板之间选择灵敏板的温度作为间接质量指标。

当塔的操作经受扰动或承受控制作用时，塔内各板的浓度都将发生变化，各塔板的温度也将同时变化，但变化程度各不相同，当达到新的稳态后，温度变化最大的那块塔板即称为灵敏板。

灵敏板位置可以通过逐板计算或静态模型仿真计算，依据不同操作工况下各塔板温度分布曲线比较得出。但是，塔板效率不易估准，所以最后还须根据实际情况，予以确定。

6.1.6.3　精馏塔的控制系统

（1）精馏塔质量指标控制——灵敏板温度　影响灵敏板温度的因素很多，其实只要精馏塔操作受到干扰（上述九个因素），灵敏板的温度就会发生变化，只是变化快慢的问题，一般从可控的因素（上述六个因素）中选取对灵敏板的影响作用最大的一个作为操纵变量，对灵敏板温度实施控制。本仿真系统选取了再沸器加热量 Q_H 作为操纵变量。

（2）精馏塔压力控制系统　由前所述，压力恒定时塔板温度就间接反映了浓度或者浓度变化量，所以必须在整个精馏过程中保持压力恒定，才能保证把灵敏板温度作为质量指标的有效性。

在所有干扰因素中只有再沸器加热 Q_H、冷凝器冷却量 Q_c 与回流罐排气量 D_G 对塔压 p 控制迅速，控制作用强。其中 Q_H 的改变除了影响塔压外还将影响其他被控变量，因而，不宜作为塔压 p 的操纵变量；而排气量 D_G 对于塔压的影响最为直接迅速，而对其他被控变量的影响较小，但是会造成物料的损失，从而导致产品的损失，严重时回流罐无法建立液位，所以一般情况下把其作为超压控制手段以及排出系统不凝性气体所用；系统压力升高和降低其实是系统气体量多少的反应，对于可凝性气体来说，可以通过调整冷凝器冷却量 Q_c 来实现对塔压的控制。本仿真系统采用冷凝器冷却量 Q_c 作为塔压的操纵变量，把排气量 D_G 作为超压（大于 5.5atm）时控制手段（超驰控制），同时为了提高冷凝器冷却量 Q_c 对塔压的控制作用采用了分程控制。

PIC102 为一分程控制器，分别控制 PV102A 和 PV102B，当 PC102.OP 从 0 逐渐开大到 50 时，PV102A 从 0 逐渐开大到 50；而 PV102B 从 100 逐渐关小至 0；当 PC102.OP 从 50 逐渐开大到 100 时，PV102A 从 50 逐渐开大到 100；而 PV102 保持为 0，如图 6-7 所示。

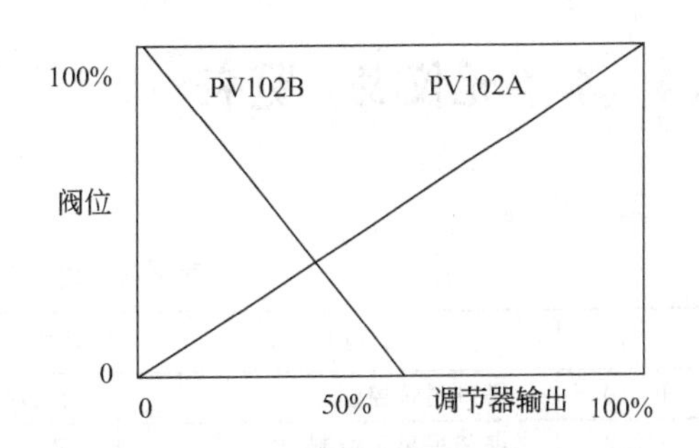

图 6-7　PV102 调节阀分程动作示意图

（3）精馏塔其他控制系统　由于精馏塔是一个复杂的系统，仅仅对质量指标的控制是远远不够的，系统受到的干扰太多而无法达到稳态。因此，需要对其他可控干扰设置定值控制系统，以减少精馏系统的干扰。

该系统需要控制量分别是：

① 进料量；

② 回流量；

③ 塔顶采出量；

④ 塔底采出量。

其中①、②采用简单的控制系统即可，对于③、④的控制还需要考虑精馏塔内的物料平衡，一般设置串级控制系统，以回流罐、塔底液位为主变量，以塔顶采出量、塔底采出量为副变量，这样防止了在精馏塔非正常时，回流罐、塔底被抽空。

6.2　设备一览

见表 6-2。

表 6-2　主要设备一览表

序号	设备位号	设备名称	工艺作用	备注
1	DA-405	脱丁烷塔		
2	EA-419	塔顶冷凝器		
3	FA-408	塔顶回流罐		
4	GA-412A、B	回流泵		
5	EA-418A、B	塔釜再沸器		
6	FA-414	塔釜蒸汽缓冲罐		

6.3　正常操作指标

① 进料流量 FIC101 设为自动，设定值为 14056kg/h。
② 塔釜采出量 FC102 设为串级，设定值为 7349kg/h，LC101 投自动，设定值为 50%。
③ 塔顶采出量 FC103 设为串级，设定值为 6707kg/h。
④ 塔顶回流量 FC104 设为自动，设定值为 9664kg/h。
⑤ 塔顶压力 PC102 设为自动，设定值为 4.25atm，PC101 投自动，设定值为 5.0atm。
⑥ 灵敏板温度 TC101 设为自动，设定值为 89.3℃。
⑦ FA-414 液位 LC102 设为自动，设定值为 50%。
⑧ 回流罐液位 LC103 设为自动，设定值为 50%。

6.4　本单元仪表一览表

见表 6-3。

表 6-3　仿真系统主要仪表一览表

位号	说明	类型	正常值	量程高限	量程低限	工程单位
FIC101	塔进料量控制	PID	14056.0	28000.0	0.0	kg/h
FC102	塔釜采出量控制	PID	7349.0	14698.0	0.0	kg/h
FC103	塔顶采出量控制	PID	6707.0	13414.0	0.0	kg/h
FC104	塔顶回流量控制	PID	9664.0	19000.0	0.0	kg/h
PC101	塔顶压力控制	PID	4.25	8.5	0.0	atm
PC102	塔顶压力控制	PID	4.25	8.5	0.0	atm
TC101	灵敏板温度控制	PID	89.3	190.0	0.0	℃
LC101	塔釜液位控制	PID	50.0	100.0	0.0	%
LC102	塔釜蒸汽缓冲罐液位控制	PID	50.0	100.0	0.0	%
LC103	塔顶回流罐液位控制	PID	50.0	100.0	0.0	%
TI102	塔釜温度	AI	109.3	200.0	0.0	℃
TI103	进料温度	AI	67.8	100.0	0.0	℃
TI104	回流温度	AI	39.1	100.0	0.0	℃
TI105	塔顶气温度	AI	46.5	100.0	0.0	℃

6.5　仿真界面

见图 6-8、图 6-9。

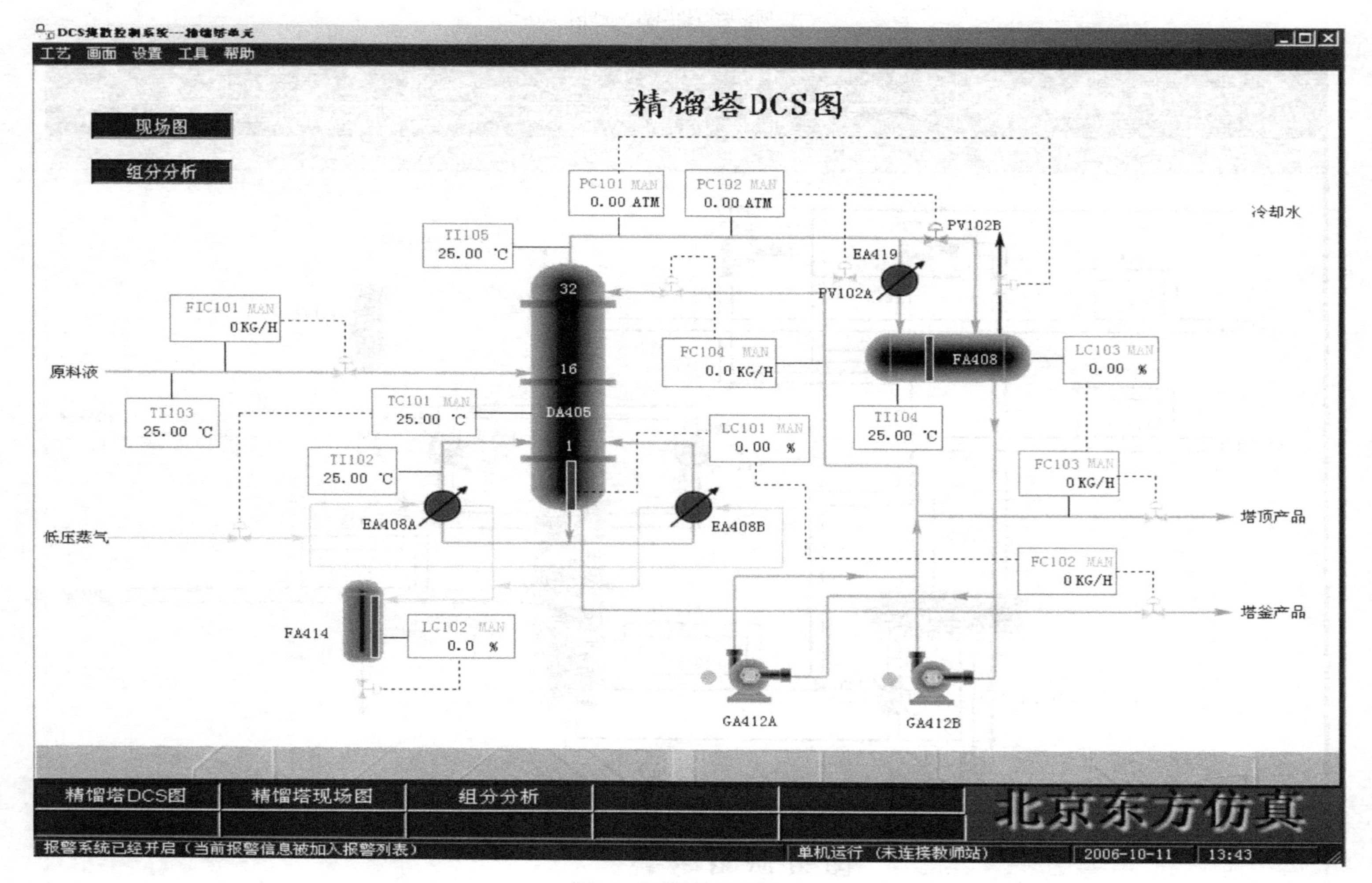

图6-8 精馏塔DCS界面

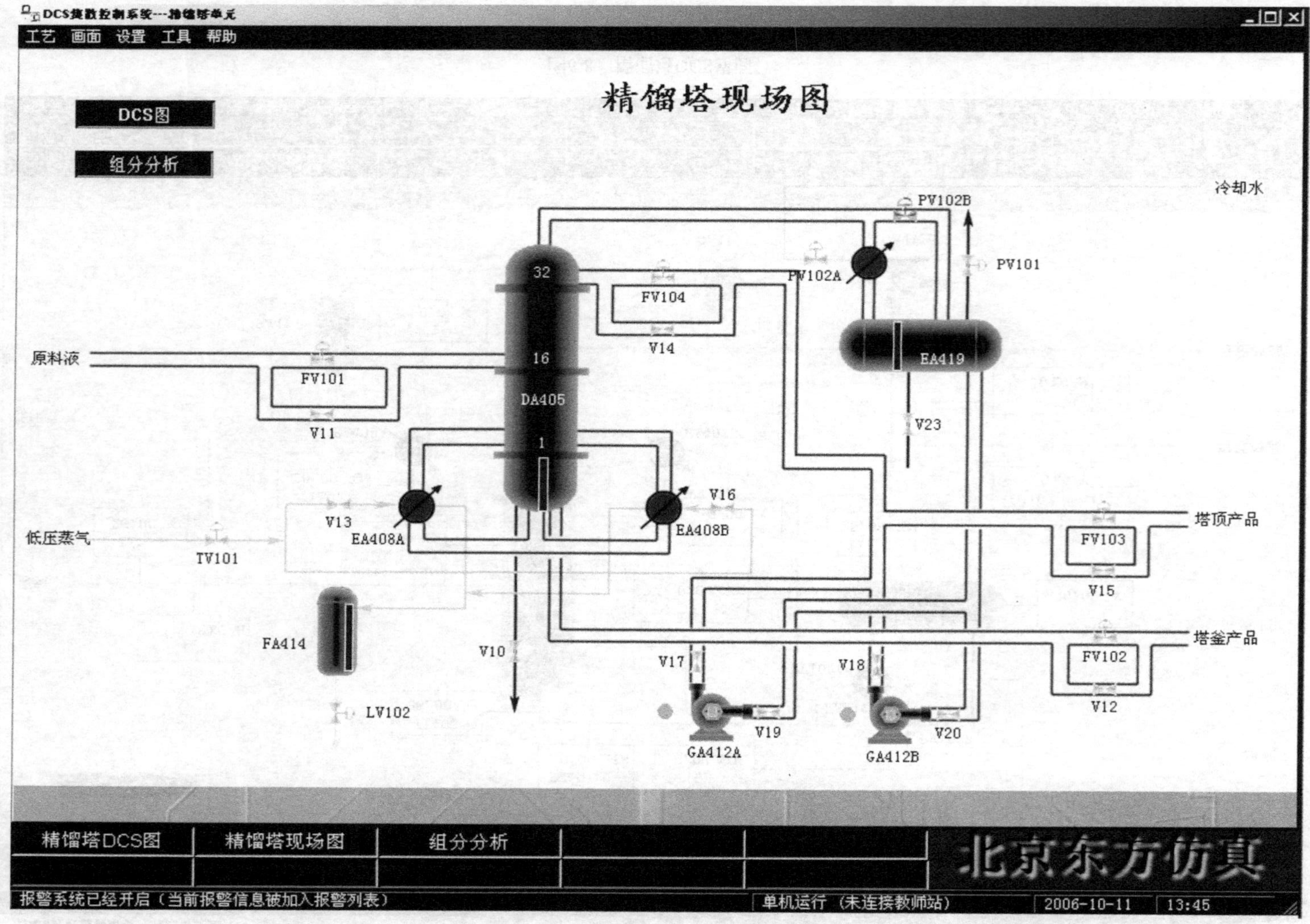
DCS集散控制系统--精馏塔单元
工艺 画面 设置 工具 帮助
精馏塔现场图
DCS图
组分分析
冷却水
塔顶产品
塔釜产品
原料液
低压蒸气
PV101
PV102B
PV102A
EA419
V23
FV103
V15
FV102
V12
V20
GA412B
V18
V19
GA412A
V17
FV104
V14
V16
EA408B
DA405
32
16
1
V10
EA408A
V13
FV101
V11
FA414
LV102
TV101
精馏塔DCS图
精馏塔现场图
组分分析
北京东方仿真
报警系统已经开启（当前报警信息被加入报警列表）
单机运行（未连接教师站）
2006-10-11
13:45

图6-9 精馏塔现场界面

6.6 冷态开车

见表 6-4。

表 6-4 正常开车步骤及关键步骤简要说明

总分：990.00

操作过程	分值	操作步骤	关键步骤简要说明	备注
进料及排放不凝气	140.00	精馏塔塔顶压力不大于 4.25atm，不小于 1.0atm，保持 1min，该过程评分结束		
1.1	10.00	打开 PV102B 前截止阀 V51	打开塔压控制阀 PV102B(冷凝器冷却水的进口阀门)前后阀	
1.2	10.00	打开 PV102B 后截止阀 V52		
1.3	10.00	打开 PV101 前截止阀 V45	打开塔顶压力高限控制阀 PV101(回流罐放散阀)前后阀	
1.4	10.00	打开 PV101 后截止阀 V46		
1.5	10.00	微开 PV101 排放塔内不凝气	不凝性气体的存在会使塔压升高，同时影响冷凝器的冷却效果	
1.6	10.00	打开 FV101 前截止阀 V31	打开进料流量控制阀 FV101 前后阀	
1.7	10.00	打开 FV101 后截止阀 V32		
1.8	10.00	向精馏塔进料：缓慢打开 FV101，直到开度大于 40%	精馏塔投料，建立精馏塔的液位，为启动再沸器提供被加热物料(如有开工线，可直接向塔底投料)	
1.9	10.00	当压力升高至 0.5atm(表压)时，关闭 PV101	当塔顶压力升高至 0.5atm 时，认为不凝性气体排除干净	
1.10	50.00	塔顶压力大于 1.0atm，不超过 4.25atm	维持正常值 2.0atm，保证塔顶压力大于 1.0atm，不超过 4.25atm	
启动再沸器	120.00			
2.1	10.00	打开 PV102A 前截止阀 V48	打开塔顶压力控制阀 PV102A(塔顶气相未经过冷凝器直接进入回流罐管线上的阀门)前后阀	
2.2	10.00	打开 PV102A 后截止阀 V49		
2.3	10.00	待塔顶压力 PC101 升至 0.5atm(表压)后，逐渐打开冷凝水调节阀 PV102A 至开度 50%	当塔顶压力 PC101 升至 0.5atm 以后，塔内不凝性气体已经排空，此时应该对塔顶气体进行冷凝，不该直接进入回流罐；把 PIC102.OP 设成 50%，这时，PV102A 至开度 50%，PV102B 关闭	
2.4	10.00	待塔釜液位 LC101 升至 20%以上，打开加热蒸汽入口阀 V13	打开再沸器加热蒸汽的现场阀门	
2.5	10.00	打开 TV101 前截止阀 V33	打开再沸器蒸汽进口流量调节阀 TV101 前后阀	
2.6	10.00	打开 TV101 后截止阀 V34		
2.7	10.00	再稍开 TC101 调节阀，给再沸器缓慢加热	热量供给开始，注意塔顶压力的变化，随时调整 PIC102.OP，必要时开启 PV101	
2.8	10.00	打开 LV102 前截止阀 V36	打开蒸汽冷凝水贮罐 FA414 的液位控制 LV102 前后阀	
	10.00	打开 LV102 后截止阀 V37		
2.9	10.00	将蒸汽冷凝水贮罐 FA414 的液位控制 LC102 设为自动		
2.10	10.00	将蒸汽冷凝水贮罐 FA414 的液位 LC102 设定在 50%		
2.11	10.00	逐渐开大 TV101 至 50%，使塔釜温度逐渐上升至 100℃，灵敏板温度升至 75℃	TC101.OP 至少要大于 30%	

续表

操作过程	分值	操作步骤	关键步骤简要说明	备注
建立回流	110.00	回流罐的液位(LC103)大于20%，灵敏板温度(TC101)和再沸器物料出口温度(TI102)大于60℃		
3.1	10.00	打开回流泵GA412A入口阀V19	注意开泵的顺序，先开进口阀(50%)，启动泵(现场启动)，后开出口阀(50%)	
3.2	10.00	启动泵		
3.3	10.00	打开泵出口阀V17		
3.4	10.00	打开FV104前截止阀V43	打开回流量控制阀FV104前后阀	
3.5	10.00	打开FV104后截止阀V44		
3.6	10.00	手动打开调节阀FV104(开度＞40%)，维持回流罐液位升至40%以上		
3.7	50.00	回流罐液位LC103	维持正常值50%，保证液位不低于40%，不超过60%	
调节至正常	620.00	LC103.PV＞30	回流罐的液位大于30%	
4.1	10.00	待塔压稳定后，将PC101设置为自动	PC101、PC102都为压力控制器，其中PC102为正常工况下的控制，而PC101为非正常工况下的控制，在偏离正常值太远时，采用牺牲产品的方式控制压力，避免超压事故 塔顶压力主要受上升蒸汽量、回流量、塔顶冷凝量的影响	
4.2	10.00	设定PC101为4.25atm		
4.3	10.00	将PC102设置为自动		
4.4	10.00	设定PC102为4.25atm		
4.5	10.00	塔压完全稳定后，将PC101设置为5.0atm		
4.6	10.00	待进料量稳定在14056kg/h后，将FIC101设置为自动	进料量主要受进料输送设备的影响	
4.7	10.00	设定FIC101为14056kg/h		
4.8	10.00	热敏板温度稳定在89.3℃，塔釜温度TI102稳定在109.3℃后，将TC101设置为自动	热敏板温度主要受进料量、回流量、上升蒸汽量以及塔压的影响，在进料量与塔压正常的情况下，可通过塔底温度判断是回流量还是上升蒸汽量影响热敏板温度	
4.9	50.00	进料量稳定在14056kg/h		
4.10	50.00	灵敏板温度TC101		
4.11	50.00	塔釜温度稳定在109.3℃		
4.12	10.00	将调节阀FV104开至50%	该精馏塔的控制方案中回流采用流量控制，与回流罐液位几乎不存在关系，对塔顶冷凝器波动无自动补偿作用(如塔顶温度偏低，可降低回流量，但在该方案中无法做到)，需要通过塔底加热量来控制	
4.13	10.00	当FC104流量稳定在9664kg/h后，将其设置为自动		
4.14	10.00	设定FC104为9664kg/h		
4.15	50.00	FC104流量稳定在9664kg/h		
4.16	10.00	打开FV102前截止阀V39		
4.17	10.00	打开FV102后截止阀V40		
4.18	10.00	当塔釜液位无法维持时(大于35%)，逐渐打开FC102，采出塔釜产品	塔釜液位主要受上升蒸汽量、进料量、采出量的影响，回流量长时间不正常也会导致塔釜液位异常 塔釜液位的控制主要是靠采出量控制，在出现异常后，先通过采出量稳定住液位，再处理导致液位异常的真正原因	
4.19	50.00	塔釜液位LC101		
4.20	10.00	当塔釜产品采出量稳定在7349kg/h，将FC102设置为自动		
4.21	10.00	设定FC102为7349kg/h		
4.22	10.00	将LC101设置为自动		
4.23	10.00	设定LC101为50%		
4.24	10.00	将FC102设置为串级		
4.25	50.00	塔釜产品采出量稳定在7349kg/h		

续表

操作过程	分值	操作步骤	关键步骤简要说明	备注
4.26	10.00	打开 FV103 前截止阀 V41	回流罐液位主要受回流量、采出量、塔顶冷凝量的影响，尤其是回流罐放散阀 PV101 影响最大	
4.27	10.00	打开 FV103 后截止阀 V42		
4.28	10.00	当回流罐液位无法维持时，逐渐打开 FV103，采出塔顶产品		
4.29	10.00	待产出稳定在 6707kg/h，将 FC103 设置为自动		
4.30	10.00	设定 FC103 为 6707kg/h		
4.31	10.00	将 LC103 设置为自动		
4.32	10.00	设定 LC103 为 50%		
4.33	10.00	将 FC103 设置为串级		
4.34	50.00	塔顶产品采出量稳定在 6707kg/h		

6.7 精馏塔的控制方式

6.7.1 物料平衡控制方案

物料平衡控制方式并不对塔顶或塔底产品质量进行直接的控制，而依据精馏塔的物料平衡及能量平衡关系进行间接控制。其基本原理是，当进料成分不变和进料温度（单相进料时）或热焓（两相进料）一定时，在维持全塔物料平衡的前下，保持进料量 F、再沸器加热量 Q_H（或塔底上升蒸汽量 V）、塔顶产品量 D 一定；或者说保持 D/F 和 V/F 一定，就可保证塔顶、塔底产品的质量指标一定。其控制系统如图 6-10 所示。

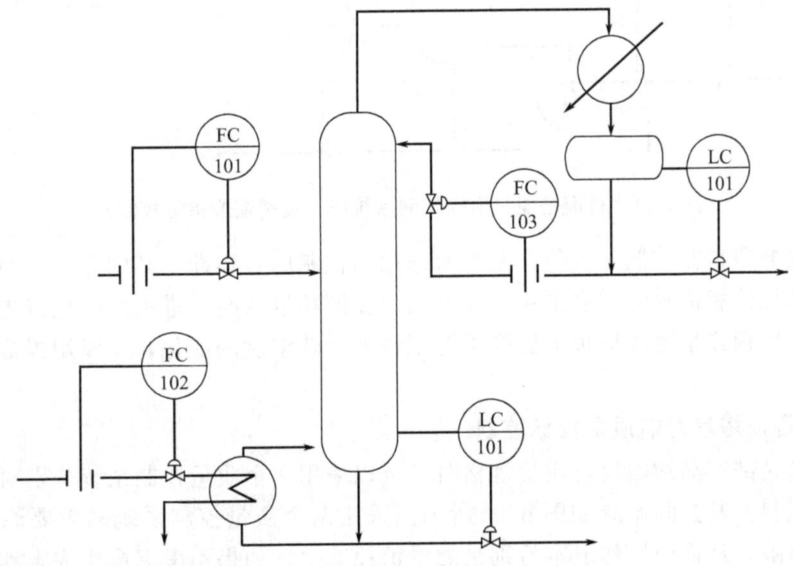

图 6-10 精馏塔物料平衡控制系统图

6.7.2 能量平衡控制方案

在该类方案中可分为按精馏段指标控制、按提馏段指标控制以及按塔顶塔底两端质量指标控制。

6.7.2.1 控制一端产品质量

对于具有两个液相产品的精馏塔，可采用严格控制一端产品质量，而让另一端产品质量浮动（即不加以控制）的办法。当扰动不很大时，若固定塔顶产品的纯度，塔底产品浓度的变动也不会太大；反之亦然。

（1）按精馏段指标控制　当塔顶采出液为主要产品时，往往按精馏段指标进行控制。这时，可取精馏段某灵敏板的温度作为被控变量，而以回流量、塔顶采出量或再沸器上升蒸汽量作为操纵变量。可以组成单回路控制方式，也可以组成温度-流量串级控制方式。串级控制方式虽较复杂，但可迅速有效地克服进入副环的干扰并可降低对控制阀特性的要求，在需作精密控制时采用。

采用这类控制方案时，在回流量、塔顶采出量、再沸器的加热量和塔底采出量四者之中选择一个作为控制产品质量的手段，选择另一个保持流量恒定，其余两个变量则按回流罐和塔底的物料平衡关系由液位控制器加以控制。其控制系统如图 6-11 所示。

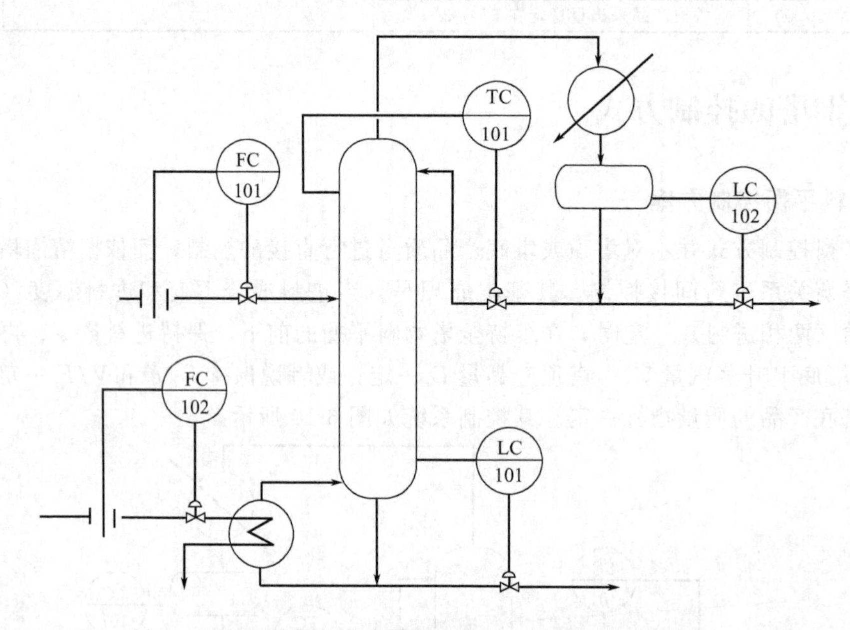

图 6-11　精馏塔能量平衡控制系统图（按精馏段指标控制）

（2）按提馏段指标控制　本仿真系统所采用的控制的方案即是其中之一，当塔底液为主要产品，尤其是液相进料时，多采用此类方案。在液相进料时，进料量变化首先影响到塔底产品的浓度，塔顶或精馏段塔板上温度不能很快地反映浓度的变化，所以用提馏段控制比较及时。

6.7.2.2　按塔顶塔底两端质量指标控制

当顶部和底部产品均需符合质量规格时，可以采用两个质量控制系统分别对两个产品产量指标加以控制。其控制系统如图 6-12 所示。采用两个质量控制系统的主要原因是，使操作接近规格极限，从而使操作成本特别是能量消耗减少。如果不考虑操作成本和能量消耗的话，使用一个产品质量控制方案，也可使另一个产品质量符合规格，只是回流比更大一些，能量消耗要多一些。

由精馏塔操作的内在机理可知，当改变回流量时，不仅影响塔顶温度，同时也引起塔底温度的变化。同样，控制塔底再沸器加热量时，也将影响到塔顶温度的变化。所以塔顶和塔底两个温度控制系统之间存在着明显的关联。当相关不严重时，可以通过控制器参数整定使耦合回路的工作频率拉开，以减少关联。如关联严重，则必须采用解耦控制系统。

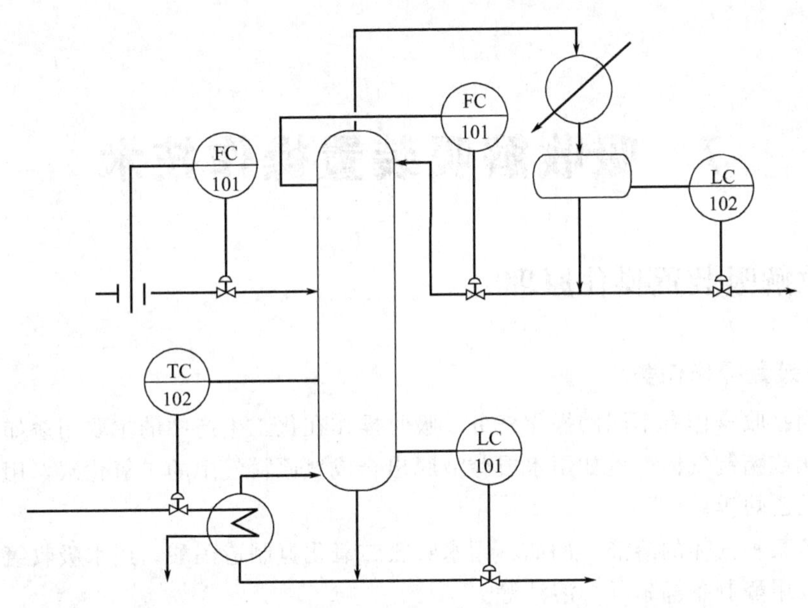

图 6-12　精馏塔能量平衡控制系统图（按塔顶底两端产品指标控制）

7　吸收解吸装置操作技术

7.1　吸收解吸装置操作原理

7.1.1　吸收装置操作任务

对于不同吸收操作有不同的操作任务，吸收操作在化工生产中的主要用途如下。

(1) 净化或精制气体　例如用水或碱液脱出合成氨原料气中的二氧化碳，用丙酮脱出石油裂解气中的乙炔等。

(2) 制备某种气体的溶液　例如，用水吸收二氧化氮制造硝酸，用水吸收氯化氢制取盐酸，用水吸收甲醛制备福尔马林溶液等。

(3) 回收混合气体中的有用组分　例如用硫酸处理焦炉气以回收其中的氨，用洗油处理焦炉气以回收其中的苯、二甲苯等，用液态烃处理石油裂解气以回收其中的乙烯、丙烯等。

(4) 废气治理，保护环境　工业废气中含有 SO_2、NO、NO_2、H_2S 等有害气体，直接排入大气，对环境危害很大。可通过吸收操作使之净化，变废为宝，综合利用。

一个工业吸收过程一般包括吸收和解吸两个部分。解吸是吸收的逆过程，就是将溶质从吸收后的溶液中分离出来。通过解吸可以回收气体溶质，并实现吸收剂的再生循环使用。有些时候吸收剂吸收后就废弃了，此时就不需要解吸过程。

本单元工艺应属于第三种情况——回收混合气体中的有用组分。

保持有用组分高的回收率，降低尾气中有用成分的含量，同时尽量减少吸收剂的用量、消耗量以及解吸能耗，以降低操作费用，这是本实训单元的操作任务。

7.1.2　吸收解吸装置工作原理

吸收过程是利用气体混合物中各个组分在液体（吸收剂）中的溶解度不同，来分离气体混合物。被溶解的组分称为溶质或吸收质，含有溶质的气体称为富气，不被溶解的气体称为贫气或惰性气体。

7.1.2.1　相平衡

在恒定的压强和温度下，使一定量的吸收剂与混合气体接触，溶质便向液相中转移，直至液相中的溶质达到饱和，浓度不再增加为止。此时，仍有溶质分子继续进入液相，只是在任何瞬间进入液相的溶质数量与从液相中逸出的溶质数量恰好相等，这种状态称为相际动平衡，简称相平衡。相平衡状态下，气相中的溶质分压称为平衡分压或饱和分压，液相中溶质的浓度称为平衡浓度或平衡溶解度。

在相平衡的条件下，任何一个气相浓度必对应于一个与之平衡的确定的液相组成；若需使一种气体在溶液里达到某一特定的组成，必须在溶液上方维持该气体一定的平衡分压。

7.1.2.2　相平衡影响因素

(1) 吸收剂性质　吸收剂对溶质的溶解度有极大影响。对于同样浓度的溶液易溶气体在溶液上方的气相平衡分压低，难溶气体在溶液上方的气相平衡分压高；换言之，欲得到一定浓度的溶液，易溶气体所需的分压低，而难溶气体所需要的分压高。正是由于各种气体在同一溶剂中的溶解度不同，才有可能用吸收操作将集体混合物分离。

吸收剂的选择是吸收操作的关键，良好的吸收剂应具备以下特点。

① 溶解度。吸收剂对于溶质组分应具有较大的溶解度，或者说，在一定温度与浓度下，溶质组分的气相平衡分压要低。这样从平衡的角度讲，处理一定量的混合气体所需的吸收剂数量较少，吸收尾气中溶质的极限残余浓度也可降低。就传质速率而言，溶解度越大、吸收速率越大，所需设备的尺寸就小。

② 选择性。吸收剂要对溶质组分有良好的吸收能力的同时，对混合气体中的其他组分基本上不吸收，或吸收甚微，否则不能实现有效的分离。

③ 挥发度。在操作温度下吸收剂的挥发度要小，因为挥发度越大，则吸收剂损失量越大，分离后气体中溶剂含量也越大。

④ 黏度。在操作温度下吸收剂的黏度越小，在塔内流动性越好，从而提高吸收速率，且有助于降低泵的输送功耗，吸收剂传热阻力亦减小。

⑤ 再生。吸收剂要易于再生。吸收质在吸收剂中的溶解度应对温度的变化比较敏感，即不仅低温下溶解度要大，而且随着温度的升高，溶解度应迅速下降，这样才比较容易利用解吸操作使吸收剂再生。

⑥ 稳定性。化学稳定性好，以免在操作过程中发生变质。

⑦ 其他。要求无毒，无腐蚀性，不易燃，不易产生泡沫，冰点低，价廉易得。

工业上的气体吸收操作中，很多用水作吸收剂，只有对于难溶于水的吸收质，才采用特殊的吸收剂，如用洗油吸收苯和二甲苯；有时为了提高吸收的效果，也常采用化学吸收，例如用铜氨溶液吸收一氧化碳和用碱液吸收二氧化碳等。总之，吸收剂的选用，应从生产的具体要求和条件出发，全面考虑各方面的因素，作出经济合理的选择。

（2）总压强　当总压不太高气体混合物可视为理想气体时，总压的变化并不改变分压与溶解度之间的对应关系。但是，当气相浓度不以分压而用其他组成表示时，总压会有很大的影响。

（3）温度　对于一定的物系，在一定的总压下，一般规律是温度越高平衡曲线越陡，即溶解度越小，

提高压力、降低温度有利于溶质吸收；降低压力、提高温度有利于溶质解吸，正是利用这一原理分离气体混合物，而吸收剂可以重复使用。

7.1.3　填料塔结构

填料塔由塔体、填料、液体分布装置、填料压紧装置、填料支承装置、液体再分布装置等构成。如图 7-1 所示。

填料塔操作时，液体自塔上部进入，通过液体分布器均匀喷洒在塔截面上并沿填料表面呈膜状下流。当塔较高时，由于液体有向塔壁面偏流的倾向，使液体分布逐渐变得不均匀，因此经过一定高度的填料层以后，需要液体再分布装置，将液体重新均匀分布到下段填料层的截面上，最后从塔底排出。

气体自塔下部经气体分布装置送入，通过填料支承装置在填料缝隙中的自由空间上升并与下降的液体接触，最后从塔顶

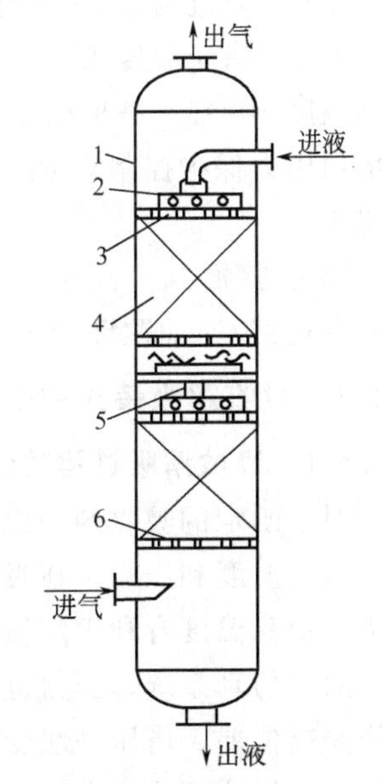

图 7-1　填料塔结构示意图
1—塔体；2—液体分布器；3—填料压紧装置；4—填料层；5—液体再分布器；6—支承装置

排出。为了除去排出气体中夹带的少量雾状液滴，在气体出口处常装有除沫器。

填料层内气液两相呈逆流接触，填料的润湿表面即为气液两相的主要传质表面，两相的组成沿塔高连续变化。

7.1.4　本实训单元的工艺流程

如图7-2所示，该单元以C_6油为吸收剂，分离气体混合物（其中C_4：25.13%，CO和CO_2：6.26%，N_2：64.58%，H_2：3.5%，O_2：0.53%）中的C_4组分（吸收质）。

从界区外来的富气从底部进入吸收塔T-101。界区外来的纯C_6油吸收剂贮存于C_6油贮罐D-101中，由C_6油泵P-101A/B送入吸收塔T-101的顶部，C_6流量由FRC103控制。吸收剂C_6油在吸收塔T-101中自上而下与富气逆向接触，富气中C_4组分被溶解在C_6油中。不溶解的贫气自T-101顶部排出，经盐水冷却器E-101被−4℃的盐水冷却至2℃进入尾气分离罐D-102。吸收了C_4组分的富油（C_4：8.2%，C_6：91.8%）从吸收塔底部排出，经贫富油换热器E-103预热至80℃进入解吸塔T-102。吸收塔塔釜液位由LIC101和FIC104通过调节塔釜富油采出量串级控制。

来自吸收塔顶部的贫气在尾气分离罐D-102中回收冷凝的C_4、C_6后，不凝气在D-102压力控制器PIC103[1.2MPa(G)]控制下排入放空总管进入大气。回收的冷凝液（C_4，C_6）与吸收塔釜排出的富油一起进入解吸塔T-102。

预热后的富油进入解吸塔T-102进行解吸分离。塔顶气相出料（C_4：95%）经全冷器E-104换热降温至40℃全部冷凝进入塔顶回流罐D-103，其中一部分冷凝液由P-102A/B泵回流至解吸塔顶部，回流量8.0t/h，由FIC106控制，其他部分作为C_4产品在液位控制（LIC105）下由P-102A/B泵抽出。塔釜C_6油在液位控制（LIC104）下，经贫富油换热器E-103和盐水冷却器E-102降温至5℃返回至C_6油贮罐D-101再利用，返回温度由温度控制器TIC103通过调节E-102循环冷却水流量控制。

T-102塔釜温度由TIC104和FIC108通过调节塔釜再沸器E-105的蒸汽流量串级控制，控制温度102℃。塔顶压力由PIC-105通过调节塔顶冷凝器E-104的冷却水流量控制，另有一塔顶压力保护控制器PIC-104，在塔顶不凝性气体多而导致压力高时通过调节D-103放空量降压。

因为塔顶C_4产品中含有部分C_6油及其他部位也有C_6油损失，所以随着生产的进行，要定期观察C_6油贮罐D-101的液位，补充新鲜C_6油。

7.1.5　吸收解吸装置的控制

7.1.5.1　吸收解吸过程的影响因素

对于既定的吸收剂来说，吸收过程主要影响因素如下。

（1）温度和压力　在吸收原理中已经阐述，提高压力、降低温度有利于溶质吸收；降低压力、提高温度有利于溶质解吸。

对于仿真系统，压力也是吸收解吸系统维持物料平衡的重要因素，吸收塔的富油进入解吸塔是靠位差。塔压一般受富气的流量影响。

（2）气体流量　在稳定的操作情况下，当气速不大，液体做层流流动时，流动阻力小，吸收速率很低；当气速增大为湍流流动时，气膜变薄，气膜阻力减小，吸收速率增大；当气速增大到液泛速率时，液体不能顺畅向下流动，造成雾沫夹带，甚至造成液泛现象。因此稳定操作流速，是吸收高效、平稳操作的可靠保证。对于易溶气体吸收，传质阻力通常集中在

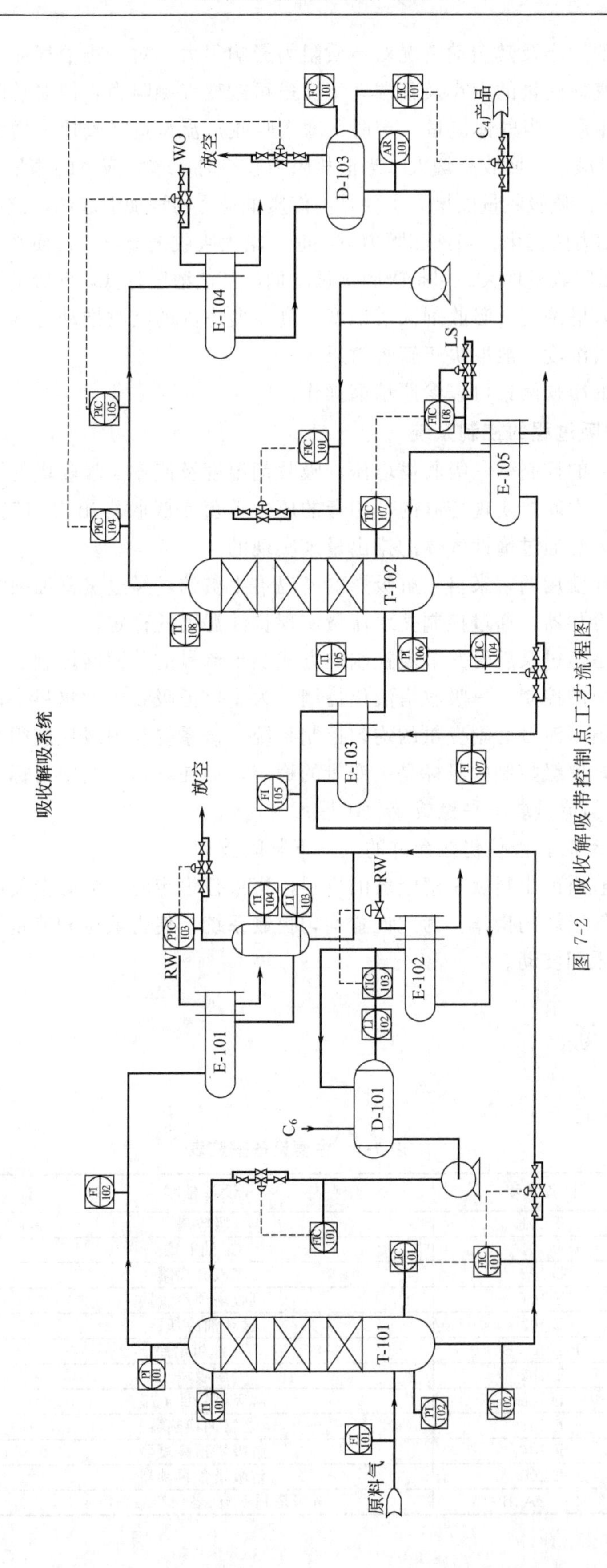

图 7-2　吸收解吸带控制点工艺流程图

气侧，气体流量的大小及其湍动情况对传质阻力影响很大。对于难溶气体，传质阻力通常集中在液侧，此时气体流量的大小及其湍动情况虽可改变气侧阻力，但对总阻力影响很小。

（3）吸收剂用量　当气体流量一定时，增大吸收剂流量，吸收速率增大，溶质吸收量增加，气体出口浓度减小，回收率增大。当液相阻力较小时，增大液体的流量，传质总系数变化较小或基本不变，溶质吸收量的增大主要是由传质推动力的增加引起的，此时吸收过程的调节主要依靠传质推动力的变化。当液相阻力较大时，增大吸收剂流量，传质系数大幅度增加，传质速率增大，溶质吸收量增大。但是吸收剂量增加，富油浓度降低，解吸的能耗增加。

（4）吸收剂入塔浓度　吸收剂入塔浓度升高，使塔内的吸收推动力减小，气体出口浓度升高。吸收剂入塔浓度一般取决于解吸效果。

对于解吸塔的影响因素可以参照精馏操作。

7.1.5.2　吸收解吸过程的控制系统

（1）吸收效果的控制——吸收塔塔压、吸收剂温度及流量　吸收塔的塔压控制是通过稳定气液分离罐的压力间接实现控制的，两者的压力差就是吸收塔出口到气液分离罐的阻力。气液分离罐的压力是通过惰性气体的排出量来实现的。

吸收剂是循环使用的，来自于解吸塔的高温再生贫油，经过贫富油换热器进行初步冷却后，进入循环油冷却器，通过控制盐水流量实现贫油温度的稳定。

吸收剂流量是通过泵后管路节流控制的方式实现流量的单回路控制。

（2）物料平衡的控制——吸收塔液位控制　为了保证吸收塔的物料平衡，设置了以塔底液位为主变量、出口流量为副变量的均匀控制系统，该系统与串级控制很相似，但是它们的控制目标不一样，串级控制的目标是主变量的稳定，而在均匀控制中目标为：

① 贮罐的输出流量要求平稳或变化缓慢；

② 在最大扰动时，液位仍在允许的上、下限间波动。

这是因为吸收塔的出料就是解吸塔的进料，当液位恒定时，势必会使吸收塔出料的波动变大，从而影响解吸塔的操作。为此设置均匀控制系统，使得液位和流量变化缓慢，并在工艺允许的上、下限间波动。

7.2　设备一览

见表7-1。

表7-1　主要设备一览表

序号	设备位号	设备名称	备注
1	T-101	吸收塔	
2	D-101	C_6 油贮罐	
3	D-102	气液分离罐	
4	E-101	吸收塔顶冷凝器	
5	E-102	循环油冷却器	
6	P-101A/B	C_6 油供给泵	
7	T-102	解吸塔	
8	D-103	解吸塔顶回流罐	
9	E-103	贫富油换热器	
10	E-104	解吸塔顶冷凝器	
11	E-105	解吸塔釜再沸器	
12	P-102A/B	解吸塔顶回流、塔顶产品采出泵	

7.3 正常操作指标

① 吸收塔顶压力控制 PIC103：1.20MPa（表）。
② 吸收油温度控制 TIC103：5.0℃。
③ 解吸塔顶压力控制 PIC105：0.50MPa（表）。
④ 解吸塔顶温度：51.0℃。
⑤ 解吸塔釜温度控制 TIC107：102.0℃。

7.4 本单元仪表一览表

见表 7-2。

表 7-2 仿真系统主要仪表一览表

位号	说明	类型	正常值	量程上限	量程下限	工程单位	高报值	低报值	高高报值	低低报值
AI101	回流罐 C_4 组分	AI	>95.0	100.0	0	%				
FI101	T-101 进料	AI	5.0	10.0	0	t/h				
FI102	T-101 塔顶气量	AI	3.8	6.0	0	t/h				
FRC103	吸收油流量控制	PID	13.50	20.0	0	t/h	16.0	4.0		
FIC104	富油流量控制	PID	14.70	20.0	0	t/h	16.0	4.0		
FI105	T-102 进料	AI	14.70	20.0	0	t/h				
FIC106	回流量控制	PID	8.0	14.0	0	t/h	11.2	2.8		
FI107	T-101 塔底贫油采出	AI	13.41	20.0	0	t/h				
FIC108	加热蒸汽量控制	PID	2.963	6.0	0	t/h				
LIC101	吸收塔液位控制	PID	50	100	0	%	85	15		
LI102	D-101 液位	AI	60.0	100	0	%	85	15		
LI103	D-102 液位	AI	50.0	100	0	%	65	5		
LIC104	解吸塔釜液位控制	PID	50	100	0	%	85	15		
LIC105	回流罐液位控制	PID	50	100	0	%	85	15		
PI101	吸收塔顶压力显示	AI	1.22	20	0	MPa	1.7	0.3		
PI102	吸收塔塔底压力	AI	1.25	20	0	MPa				
PIC103	吸收塔顶压力控制	PID	1.2	20	0	MPa	1.7	0.3		
PIC104	解吸塔顶压力控制	PID	0.55	1.0	0	MPa				
PIC105	解吸塔顶压力控制	PID	0.50	1.0	0	MPa				
PI106	解吸塔底压力显示	AI	0.53	1.0	0	MPa				
TI101	吸收塔塔顶温度	AI	6	40	0	℃				
TI102	吸收塔塔底温度	AI	40	100	0	℃				
TIC103	循环油温度控制	PID	5.0	50	0	℃	10.0	2.5		
TI104	C_4 回收罐温度显示	AI	2.0	40	0	℃				
TI105	预热后温度显示	AI	80.0	150.0	0	℃				
TI106	吸收塔顶温度显示	AI	6.0	50	0	℃				
TIC107	解吸塔釜温度控制	PID	102.0	150.0	0	℃				
TI108	回流罐温度显示	AI	40.0	100	0	℃				

7.5 仿真界面

见图 7-3、图 7-4。

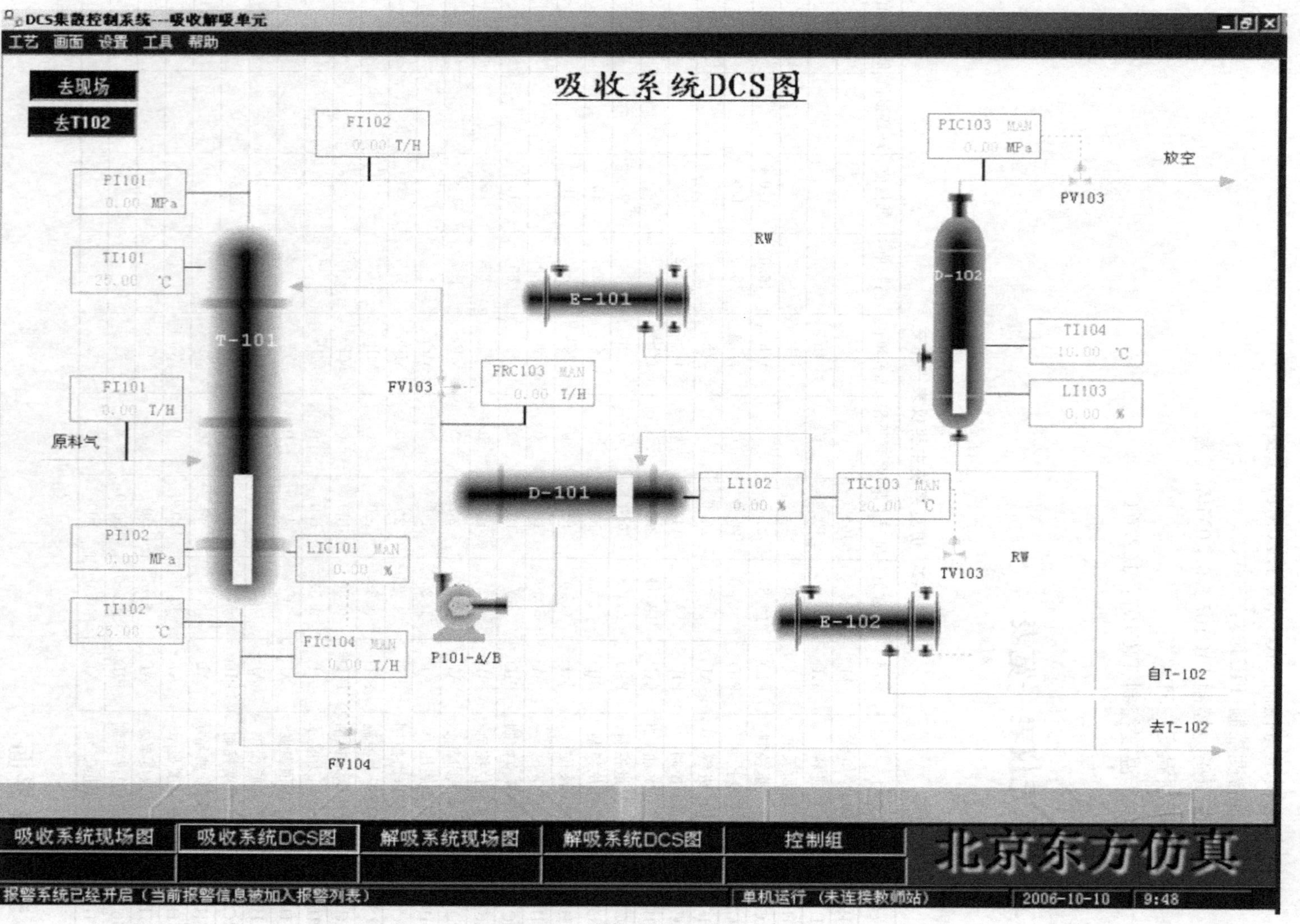

图 7-3 吸收系统 DCS 界面

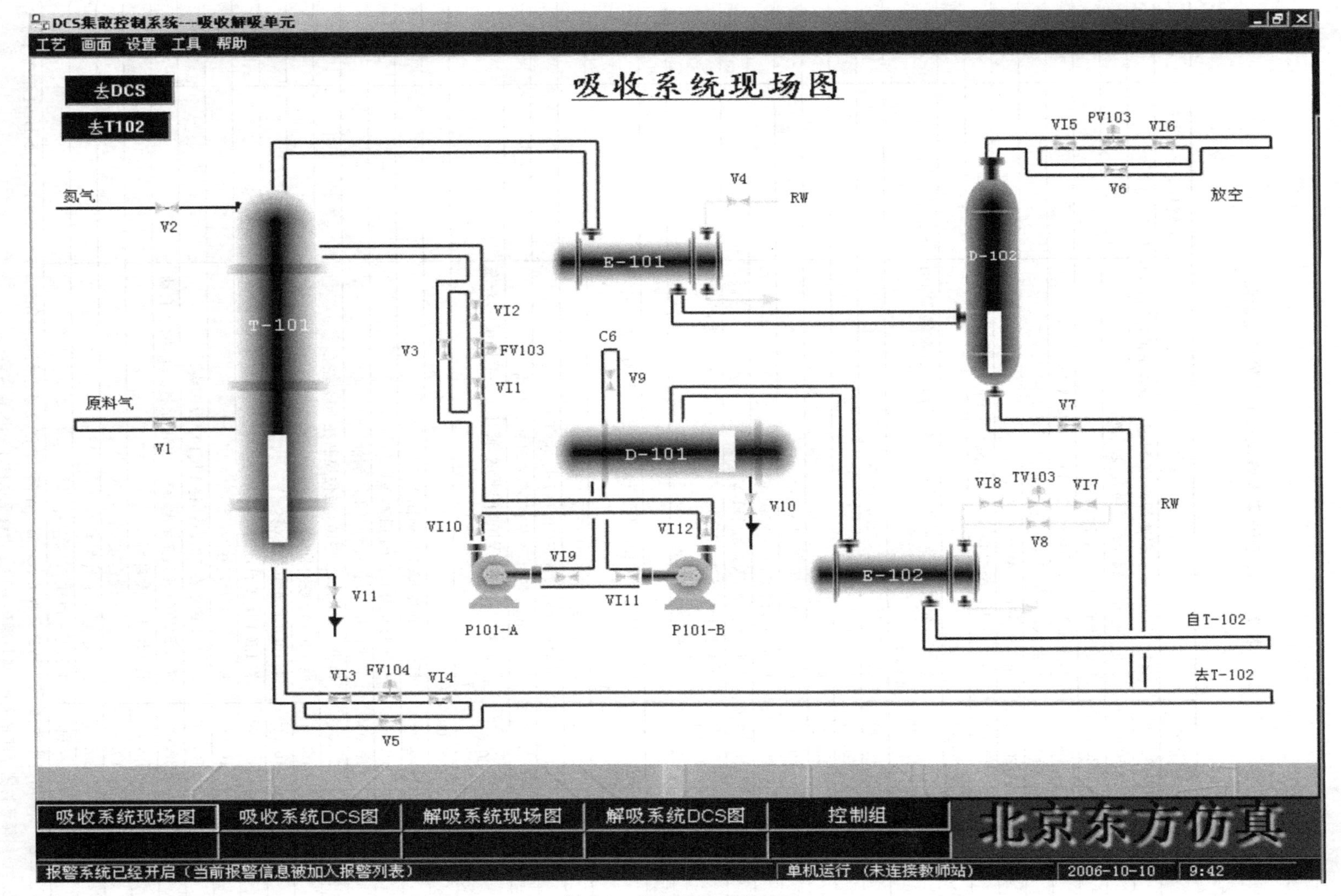

图 7-4 吸收系统现场界面

7.6 冷态开车

见表7-3。

表7-3 冷态开车步骤及关键步骤简要说明

总分：1120.00

操作过程	分值	操作步骤	关键步骤简要说明	备注
充压	80.00	该过程中充压一定要缓慢，不可超过所要求的压力，泄压比较困难		
1.1	10.00	打开 N_2 充压阀 V2，给吸收段系统充压		
1.2	20.00	压力升至 1.0MPa(PI101)		
1.3	10.00	当压力升至 1.0MPa(PI101)后，关闭 V2 阀		
1.4	10.00	打开 N_2 充压阀 V20，给解吸段系统充压		
1.5	20.00	压力升至 0.5MPa(PIC104)		
1.6	10.00	当压力升至 0.5MPa(PIC104)后，关闭 V20 阀		
吸收塔进吸收油	80.00			
2.1	10.00	打开引油阀 V9 至开度 50%左右，给 C_6 油贮罐 D-101 充 C_6 油		
2.2	10.00	液位至 50%以上，关闭 V9 阀		
2.3	10.00	打开 P-101A 泵前阀 VI9		
2.4	10.00	启动泵 P-101A		
2.5	10.00	打开 P-101A 泵后阀 VI10		
2.6	10.00	打开调节阀 FV103 前阀 VI1		
2.7	10.00	打开调节阀 FV103 后阀 VI2		
2.8	10.00	手动打开调节阀 FV103(开度为 30%左右)，为吸收塔 T-101 进 C_6 油		
解吸塔进吸收油	90.00			
3.1	10.00	T-101 液位 LIC101 升至 50%以上，打开调节阀 FV104 前阀 VI3		
3.2	10.00	打开调节阀 FV104 后阀 VI4		
3.3	10.00	手动打开调节阀 FV104(开度 50%)		
3.4	30.00	D-101 液位在 60%左右，必要时补充新油		
3.5	30.00	调节 FV103 和 FV104 的开度，使 T-101 液位在 50%左右		
C_6 油冷循环	220.00			
4.1	10.00	打开调节阀 LV104 前阀 VI13		
4.2	10.00	打开调节阀 LV104 后阀 VI14		
4.3	10.00	手动打开 LV104，向 D-101 倒油		
4.4	30.00	调整 LV104，使 T-102 液位控制在 50%左右		
4.5	10.00	将 LIC104 投自动		
4.6	10.00	将 LIC104 设定在 50%		
4.7	10.00	将 LIC101 投自动		
4.8	10.00	将 LIC101 设定在 50%		
4.9	10.00	LIC101 稳定在 50%后，将 FIC104 投串级		
4.10	30.00	调节 FV103，使其流量保持在 13.5t/h，将 FRC103 投自动		
4.11	10.00	将 FRC103 投自动		
4.12	10.00	将 FRC103 设定在 13.5t/h		
4.13	30.00	D-101 液位在 60%左右		
4.14	30.00	T-101 液位在 50%左右		
以上三步(吸收塔进吸收油、解吸塔进吸收油、C_6 油冷循环)是建立该系统的冷循环，建立 T101、T102、D101 液位平衡，这是建立热循环物料平衡的基础，当热循环一建立物料平衡的干扰因素增多				

续表

操作过程	分值	操作步骤	关键步骤简要说明	备注
向 D-103 进 C_4 物料	20.00	准备回流液		
5.1	10.00	打开 V21 阀，向 D-103 注入 C_4 至液位 LI105>40%		
5.2	10.00	关闭 V21 阀		
T-102 再沸器投入使用	180.00	D103 液位 LI105 大于 40%，该过程起始条件满足		
6.1	10.00	D-103 液位>40%后，打开调节阀 TV103 前阀 VI7	在启动再沸器之前，首先启动盐水冷却器，使出解吸塔的 C_6 油冷却	
6.2	10.00	打开调节阀 TV103 后阀 VI8		
6.3	10.00	将 TIC103 投自动		
6.4	10.00	TIC103 设定为 5℃		
6.5	30.00	调节 TI103 至 5℃		
6.6	10.00	打开调节阀 PV105 前阀 VI17	打开 T102 塔顶冷凝器，对塔压进行控制，冷凝器后回流液的温度对精馏系统影响较大，要注意塔顶温度、压力、回流量之间协调调整	
6.7	10.00	打开调节阀 PV105 后阀 VI18		
6.8	10.00	手动打开 PV105 至 70%		
6.9	10.00	打开调节阀 FV108 前阀 VI23	启动再沸器	
6.10	10.00	打开调节阀 FV108 后阀 VI24		
6.11	10.00	手动打开 FV108 至 50%		
6.12	10.00	打开 PV104 前阀 VI19	通过对回流罐的放散量调节进行控制压力	
6.13	10.00	打开 PV104 后阀 VI20		
6.14	30.00	通过调节 PV104，控制塔压在 0.5MPa		
T-102 回流的建立	140.00	T102 塔顶温度 TI106 大于 40%，该过程起始条件满足		
7.1	10.00	当 TI106>45℃时，打开泵 P-102A 前阀 VI25		
7.2	10.00	启动泵 P-102A		
7.3	10.00	打开泵 P-102A 后阀 VI26		
7.4	10.00	打开调节阀 FV106 前阀 VI15		
7.5	10.00	打开调节阀 FV106 后阀 VI16		
7.6	10.00	手动打开 FV106 至合适开度(流量>2t/h)，维持塔顶温度高于 51℃		
7.7	20.00	维持塔顶温度高于 51℃		
7.8	10.00	将 TIC107 投自动		
7.9	10.00	将 TIC107 设定在 102℃		
7.10	10.00	将 FIC108 投串级		
7.11	30.00	将 TIC107 在 102℃		
进富气	310.00			
8.1	10.00	打开 V4 阀，启用冷凝气 E-101		
8.2	10.00	逐渐打开富气进料阀 V1	注意富气量要严格控制，防止流量过大，否则 T101 温度高，C_6 吸收油挥发明显，D101 液位过高，而无法控制	
8.3	30.00	FI101 流量显示为 5t/h		
8.4	10.00	打开 PV103 前阀 VI5		
8.5	10.00	打开 PV103 后阀 VI6		
8.6	10.00	手动控制调节阀 PV103 时压力恒定在 1.2MPa；当富气进料稳定到正常值投自动		
8.7	10.00	设定 PIC103 于 1.2MPa		
8.8	30.00	PV103 稳定于 1.2MPa 左右		

续表

操作过程	分值	操作步骤	关键步骤简要说明	备注
8.9	30.00	手动控制调节阀 PV105，维持塔压在 0.5MPa，若压力过高，还可以通过调节 PV104 排放气体		
8.10	10.00	当压力稳定后，将 PIC105 投自动		
8.11	10.00	PIC105 设定值为 0.5MPa		
8.12	10.00	PIC104 投自动		
8.13	10.00	PIC104 设定值为 0.55MPa		
8.14	10.00	解吸塔压力、温度稳定后，手动调节 FV106 使回流量稳定到正常值 8.0t/h 后，将 FIC106 投自动		
8.15	10.00	将 FIC106 设定在 8.0t/h		
8.16	30.00	FIC106 流量显示为 8t/h		
8.17	10.00	D-103 液位 LI105 高于 50%后，打开 LV105 的前阀 VI21		
8.18	10.00	打开 LV105 的后阀 VI22		
8.19	30.00	手动调节 LV105 维持回流罐液位稳定在 50%		
8.20	10.00	将 LIC105 投自动		
8.21	10.00	将 LIC105 设定在 50%		

注：该仿真系统包含两个过程，吸收和解吸，解吸过程可参照精馏系统，这里不做过多分析，吸收-解吸系统关键在于控制物料平衡。当物料调整到平衡时，T101、T102、D101 的液位应恒定，否则这三个中必然有液位过高的也有过低的。影响物料平衡的因素很多，主要有：解吸系统的正常与否（回流量过大，进入平衡系统物料过多；否则就是过少），吸收塔的温度（主要受富气进料量的影响）。

8　离心式压缩机操作技术

8.1　离心式压缩机操作原理

8.1.1　离心式压缩机操作任务

提高所输送气体的压力，以实现气体远距离的输送，送入高压设备，以维持高压设备内压力，并保证设备的正常与安全运行。

8.1.2　离心式压缩机结构与工作原理

8.1.2.1　压缩机的结构

（1）转子　转子是离心式压缩机的主要部件，它通过旋转对气体介质做功，使气体获得压力能。转子是由主轴以及套在轴上的叶轮、平衡盘、推力盘、联轴器、轴套、锁母等组成。

转子上的各个零件一般用热套法与轴联成一体，以保证在高速旋转下不致松脱，其中叶轮、平衡盘与轴的过盈量在1.4‰左右，其他轴套等为0.7‰左右。叶轮、平衡盘、联轴器等大零件还往往用键与轴固定，以传递扭矩和防止松动。有的叶轮、平衡盘则使用销钉与轴固定。这样可以避免运行过程中发生位移，造成摩擦、撞击等故障。转子主要部件如轴、叶轮、联轴器、齿轮、平衡盘等都应单独进行动平衡试验，以便消除不平衡引起的严重后果。

轴上各零件的轴向位置靠轴肩或套来定位。

（2）定子　定子中所有部件均不能转动。定子元件包括汽缸、扩压器、弯道、回流器蜗室，另外还有轮盖密封、隔板密封、轴承、径向轴承和推力轴承等部件。对于定子，一般要求有足够的刚度，以免运行中出现变形；有足够的强度，以承受气体介质的压力；中分面与出入口法兰结合面要有可靠的密封性能，以免气体介质泄露到机壳以外。离心式压缩机主要部件见表8-1，离心式压缩机纵剖面构造见图8-1。

表8-1　离心式压缩机主要部件

序号	零件名称		作　用	备　注
1	转子	叶轮	通过叶片对气体做功,使气体获得能量	压缩机唯一获得能量的部件
2	转子	主轴	安装所有的旋转零件,支持旋转零件及传递扭矩	主轴是阶梯轴,方便于零件的安装,各阶梯轴突肩起轴向定位作用。近年来也有用光轴
3	转子	平衡盘	用其平衡轴向力,以降低轴向力 平衡盘总是设在转子的高压端处,平衡盘外缘与汽缸间设有迷宫密封,其一侧为压力最高的末级叶轮,另一侧与压力最低的进气管相通。其两侧的压差使转子受到一个与叶轮轴向反向的力,其力大小决定于平衡盘的受力面积	由于每级叶轮两侧气体的作用力大小不等,使转子受到一个指向低压端的轴向合力,此力使转子产生轴向位移,从而使轴颈与轴瓦产生相对滑动,容易将轴颈或轴瓦拉伤,更严重时会导致与定子元件发生摩擦、碰撞,以致机器损坏 平衡盘平衡掉大部分轴向力,留下10000N左右残余轴向力由推力轴承承担
4	转子	推力盘	通过其将转子上的残余轴向力传给推力轴承上的推力瓦块,实现力平衡	

续表

序号	零件名称		作　　用	备　　注
5	定子	汽缸	用来安放由各级隔板所组成的扩压器、弯道、回流器等固定元件，以及承受气体压力和防止外漏	吸气室是汽缸的一部分，其作用是把气体均匀的引入到叶轮中，为避免气流出现局部降速与分离现象。吸气室的流通截面均做成收敛性的而且其出口处要做到使气流无切向旋绕进入叶轮
6		扩压器	使从叶轮中出来的具有较大动能的气流减速，使动能有效的转换为压力能，具有降速升压的功能，以提高介质压力，满足生产要求	
7		弯道	把扩压器中出来的气体引入到下一级中继续压缩，使之拐弯180°	弯道是由隔板或者隔板与汽缸组成的弯环形通道
8		回流器	使气流按轴线（或所需）方向均匀的进入下一级，起整流作用	回流器通常由隔板和导流叶片整体铸造在一起
9		蜗室	把扩压器或叶轮后的气体汇集起来，并将其引到后面的排气管中，使气体流向输送管道或中间冷却器	绝大多数的蜗室外径逐渐增大，通流截面积也逐渐增大，对气流具有降速升压作用
10		密封	轮盖密封、隔板密封、轴端密封	
11		轴承	支承轴及轴上零件，并保持轴的旋转精度；减少转轴与支承之间的摩擦和磨损	径向轴承，承载径向载荷；止推轴承，承载轴向力。此二者皆为流体动压滑动轴承

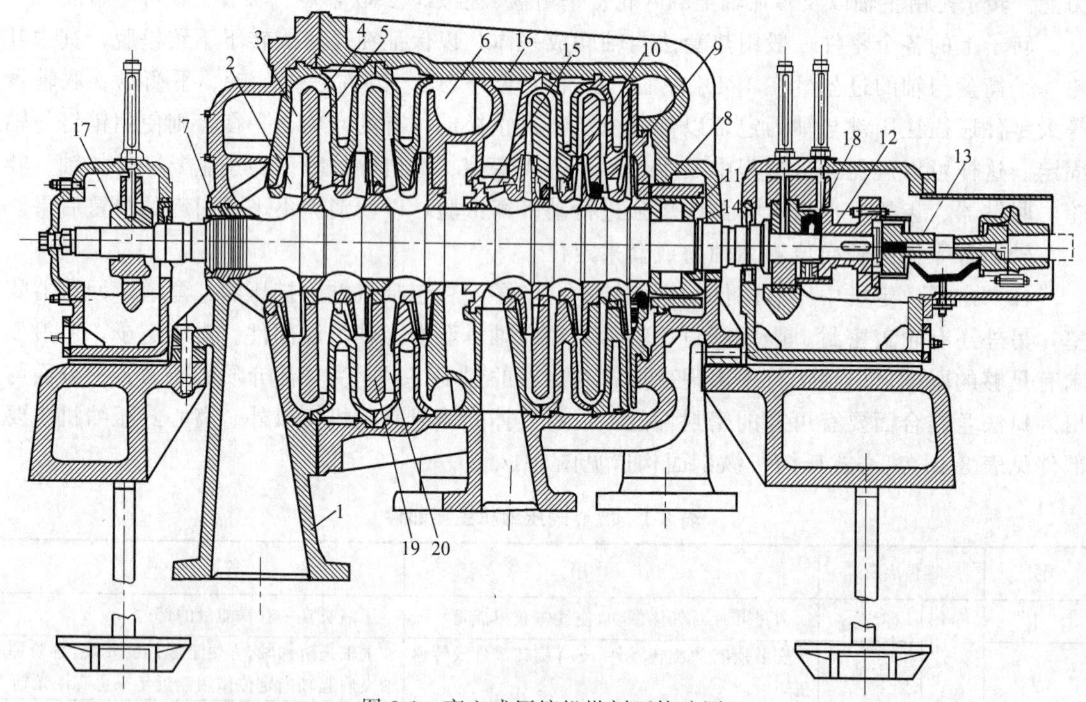

图 8-1　离心式压缩机纵剖面构造图

1—吸气室；2—叶轮；3—扩压器；4—弯道；5—回流器；6—蜗室；7，8—轴端密封；9—隔板密封；10—轮盖密封；11—平衡盘；12—推力盘；13—联轴器；14—卡环；15—主轴；16—机壳；17—支持轴承；18—止推轴承；19—隔板；20—回流器导流叶片

8.1.2.2　压缩机的工作原理

气体由吸气室 1 吸入，通过叶轮 2 对气体做功，使气体压力、速度、温度提高，然后流入扩压器 3，使速度降低，压力提高，弯道 4、回流器 5 主要起导向作用，使气体流入下一级继续压缩。由于气体在压缩过程中温度升高，而气体在高温下压缩，消耗功将会增大。为了减少压缩耗功，故在压缩过程中采用中间冷却，即由第三级出口的气体，不直接进入第四

级，而是通过蜗室和出气管，引到外面的中间冷却器进行冷却，冷却后的低温气体，再经吸气室进入第四级压缩，最后末级出来的高压气体经出气管输出。

8.1.3　离心式压缩机保护系统及附属系统

8.1.3.1　保护系统

离心式压缩机转子是在高速旋转状态下进行工作的。高速旋转的转子，一方面为气体介质的升压输送提供能量，同时也会存在超温、超压、振动以及磨损、断轴等破坏性事故的可能，因此要设置有效的保护措施。

(1) 压力保护　主要是指压缩机出口压力保护、润滑油和封油供油压力保护以及冷却水压力的保护等。为了保证压缩机轴瓦正常工作所需的压力油膜以及带走因摩擦产生的热量，一般设定润滑油最低供油压力为0.06MPa，油压低于0.05MPa时机级自动联锁停机。

(2) 温度保护　压缩机缸、段间进气温度保护，轴瓦温度、润滑油和封油的进机温度以及油箱中油温的保护等。例如，压缩机润滑油进油温度上限一般不超过55℃，下限不低于35℃；封油温度一般控制在25～35℃，当超过50℃报警，以便采取有效的降温措施，保持封油的正常温度。

(3) 机械保护　压缩机转子轴位移、轴振动以及转子超速等的保护，其中轴位移保护措施主要包括触点式、电磁式、液压式以及涡流式等几种形式。

8.1.3.2　润滑系统

润滑系统一般是由润滑油箱、润滑油油泵、油冷却器、油过滤器、安全阀、止回阀、调压阀、高位油箱及润滑油管路（优先选取用不锈钢材质）等组成。

(1) 润滑油箱　润滑油箱是用于贮存润滑油的设备，通常内部安装有滤油网、通气罩和油位指示器等。

有时内部增设可更换的加热器，以便保持冬季用油温度符合机组运行要求。润滑油箱内的润滑油量一般要求满足在最低操作液位下保持8min的正常供油量。油箱本体材质选用碳钢时，应除去氧化皮层，并进行防锈处理，也可选用不锈钢材质。机组正常运行时，应该经常检查油箱外部防腐及箱体锈蚀情况，检查箱体焊缝有无裂纹等缺陷；检查油箱基础有无下沉、裂缝，基础螺栓和螺母有无松动、腐蚀等现象；必要时清洗油箱内表面的锈蚀、油泥和杂质，保证润滑油的质量；检查油箱内焊接支撑板有无变形和裂纹等缺陷；油箱底部加热器应完好、严密、不泄漏；油箱各密封面应光滑平整，密封严密、不泄漏，液位计完好、清洁不漏油。在倾斜的油箱底部的下端应设有排污口，并保证油泵的吸入口位于倾斜油箱底部的上端，防止油泵吸入污油和杂质等。油箱应设置2个以上的接地线。

(2) 润滑油泵　润滑油泵一般配备2台，一台为主油泵，另一台为辅油泵，如采用电机驱动，一般应该考虑两台油泵使用不同的电网供电，以便电网波动或出现停电事故状态下应急启动另一台油泵时不受影响。轴承的供油压力一般在0.08～0.15MPa，温度控制在35～40℃。压缩机的润滑油泵通常采用螺杆泵或齿轮油泵，但多用螺杆泵。

(3) 油汽却器　油冷却器一般采用列管式换热器，主要是对使用中的润滑油进行换热冷却，保证润滑油温度在允许范围内使用。冷却器运行一段周期后应进行彻底检查，包括清除油冷却器水侧垢层，检查管子与管板胀接（或焊接）部位，并对管板作着色探伤检查，要求胀接（或焊接）部位无泄漏现象和裂纹产生；清除封头锈垢，筒体各密封、开孔接管部位应无裂纹、无泄漏；要检验油冷却器是否泄漏，可在壳侧采用氨气作氨渗漏检查；定期对油冷却器进行水压试验检查，每次大修应更换O形密封圈；检查壳体、封头防腐层及锈蚀情况，筒体各密封点、开孔接管、焊缝、各连接处应无泄漏、裂纹和变形。

(4) 油过滤器　过滤器是过滤润滑油的有效办法，一般采用全流量双联型油过滤器，过滤精度一般为10μm左右，控制油过滤器精度一般为5μm左右，并且配有连续工作的切换阀。每次机组大修油循环合格后，开车前应更换全部油过滤器芯子，设计温度与流量下油过滤器压降不超过0.05MPa；检查各密封面、开孔接管部位、筒体焊缝应无泄漏、裂纹等缺陷；筒体上各阀门应关闭严密，不泄漏、无损坏；检查更换O形密封圈，各连接螺栓紧固、齐全；检查外部防腐层及锈蚀情况。

(5) 高位油箱　高位油箱一般安装在距离机组中心线高5m处，否则应由压力油箱代替。其容量应保证供油时间不少于5min，转动惯量大的机组应该适当增大油箱的容量。宏观检查油箱罐体的防腐层及锈蚀情况；检查罐体、液位计、开孔接管、密封处、连接部位等有无泄漏、裂纹或变形等缺陷；罐体保温应完好；检查、试验各报警及联锁系统是否完好。

8.1.3.3　冷却系统

离心压缩机冷却器一般有板式和列管式两种。板式冷却器的换热面积大，体积小，但制作困难。目前应用列管式冷却器的比较广泛。冷却管截面形状有椭圆钢管绕片管、圆钢管L形铝片套片管等。油冷却器一般采用双联型油冷却器，并带连续工作的切换阀。冷却水一般在管侧，冷却水压降一般不超过0.07MPa。

8.1.3.4　封油系统

离心压缩机的轴封是防止汽缸内压缩介质通过缸壁与转轴间隙间泄漏的密封机构。常见的有迷宫密封、机械密封、浮环密封及干气密封等。用于密封的油系统称密封油系统，可以采用与润滑油共同的联合系统，也可采用各自独立的油系统。

8.1.4　离心式压缩机的控制

位于压缩机入口之前的管道与位于压缩机出口之后的管道之和是一个完整的管道系统，称之为管网，是离心式压缩机实现气体介质输送任务的管道系统。

离心压缩机与管网联合工作，共同实现气体介质的输送任务。既与压缩机的特性有关，也与管网特性有关。

8.1.4.1　出口节流调节

压缩机出口节流是一种常用的调节方式，它是利用出口阀开度的变化，增加或减小管网阻力，使管网性能曲线的形状和位置发生变化，从而改变压缩机的工况点，实现气体介质参数的变化，以满足生产工艺的要求。出口节流调节有出口节流等压力调节和出口节流等流量调节两种。

(1) 出口节流等压力调节　出口节流等压力调节是保持管网系统某一特定部位压力不变，只改变气体流量的一种调节方式。具体操作为减小压缩机出口阀开度，管网阻力增加，管网特性曲线形状和位置变化，流量减小，出口压力会升高，将出口压力增加值全部用于克服出口阀门关小而增加的阻力消耗上，从而使系统压力保持不变，这样就实现了等压力调节的目的。

(2) 出口节流等流量调节　出口节流等流量调节是保持工艺系统气体流量不变，只改变压力的一种调节方法。管网系统压力降低时，采取关小压缩机出口阀，增加管网阻力，出口压力会升高，要使出口压力升高值全部用于克服出口阀门的阻力所消耗上，这样系统压力虽然降低了，但是压缩机流量还是保持不变，即实现了等流量调节的目的。

8.1.4.2　进口节流调节

压缩机进口节流调节是将节流阀装在压缩机入口管网系统，利用节流阀开度的变化，改变压缩机性能曲线的形状和位置，从而改变压缩机的工况点，实现进口节流调节的目的。进口节流调节比出口节流调节经济性较好，因为功率消耗较少。同样，进口节流等压力调节和进口节流等流量调节两种。

（1）进口节流等压力调节　进口节流等压力调节是指保持出口管网系统某一部位压力不变，只改变气体压力介质流量的一种调节方法。通过改变压缩机进口节流阀的开度来实现节流调节。

（2）进口节流等流量调节　进口节流等流量调节是指保持生产工艺气体介质流量不变，只改变系统操作压力的一种调节方式。这种调节可以使压缩机在更小的流量下稳定运行，扩大了压缩机的稳定工作范围，同时也是一种结构简单、操作方便、能耗低的一种调节方法。

8.1.4.3　转速调节

转速是离心式压缩机的一个重要性能参数，改变转速是改变压缩机性能的有效措施。转速调节有等压力和等流量调节两种，它们都是通过改变压缩机转速来实现的。由于变转速调节无节流损失，因此运行效率较高。

8.1.4.4　进口导叶调节

进口导叶调节是改变叶轮进口轴向或径向导叶角度的一种调节方法。它是利用改变导叶角度，使压缩机性能曲线发生位移，从而改变压缩机工况点，以达到气体参数、满足生产工艺的要求。

8.1.4.5　扩压器叶片安装角调节

对于有叶扩压器的压缩机，改变扩压器叶片安装角度，使压缩机性能曲线的位置和形状发生变化，改变压缩机工况点，达到调节气体参数、满足生产工艺的要求。

8.1.5　离心式压缩机喘振及防止措施

8.1.5.1　边界层分离

当一个流速均匀的流体与一个固体壁面相接触时，由于壁面对流体的阻碍，与壁面相接触的流体速度降为零。由于流体的黏性作用，紧连着这层流体的另一流体层速度也有所下降。随着流体的向前流动，流速受影响的区域逐渐扩大。通常定义，流速降为主体流速的99%以内的区域称为边界层。简而言之，边界层就是边界影响所及的区域。

流体在平板上流动时的边界层如图8-2所示，由于边界层的形成，把沿壁面的流动分为两个区域：边界层区和主流区。

边界层区（边界层内）：沿板面法向的速度梯度很大，需考虑黏度的影响，剪应力不可忽略。

主流区（边界层外）：速度梯度很小，剪应力可以忽略，可视为理想流体。

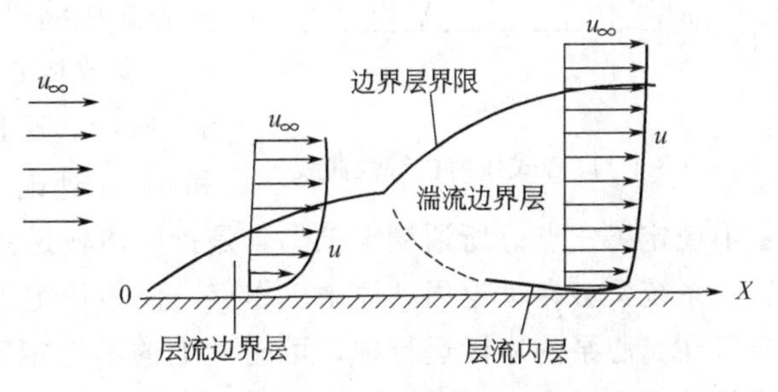

图8-2　平板上流动的层流与湍流边界层

边界层流型也分为层流边界层与湍流边界层。在平板的前段，边界层内的流型为层流，称为层流边界层。离平板前沿一段距离后，边界层内的流型转为湍流，称为湍流边界层。

流体流过平板或在圆管内流动时，流动边界层是紧贴在壁面上。如果流体流过曲面，如球体或圆柱体，则边界层的情况有显著不同，即存在流体边界层与固体表面的脱离，并在脱离处产生漩涡，流体质点碰撞加剧，造成大量的能量损失。

如图 8-3 所示。

$A \rightarrow C$：流道截面积逐渐减小，流速逐渐增加，压力逐渐减小（顺压梯度）。

$C \rightarrow S$：流道截面积逐渐增加，流速逐渐减小，压力逐渐增加（逆压梯度）。

S 点：物体表面的流体质点在逆压梯度和黏性剪应力的作用下，速度降为 0。

SS'以下：边界层脱离固体壁面，而后倒流回来，形成涡流，出现边界层分离。

由此可知：

边界层分离的必要条件——流体具有黏性以及流动过程中存在逆压梯度。

边界层分离的后果——产生大量旋涡和造成较大的能量损失。

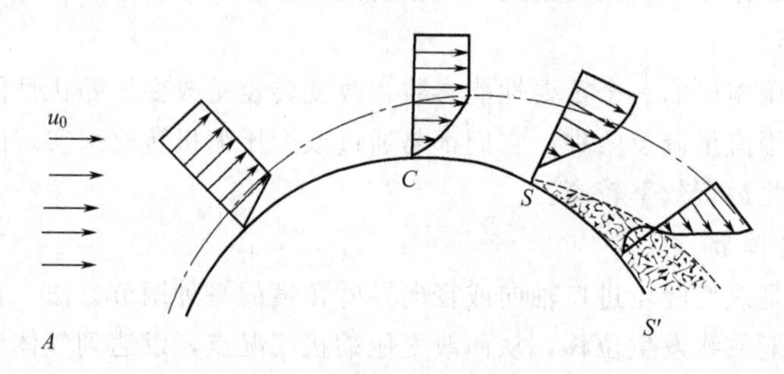

图 8-3　流体流过圆柱体表面的边界层分离

8.1.5.2　离心式压缩机的特性曲线与喘振

离心式压缩机的特性曲线通常指：出口绝压 p_1 与入口绝压 p_2 之比（或称压缩比）和入口体积流量的关系曲线；效率和流量或者功率和流量间的关系曲线。对于控制系统的设计而言，则主要用到压缩比和入口体积流量的特性曲线，见图 8-4 所示实线。

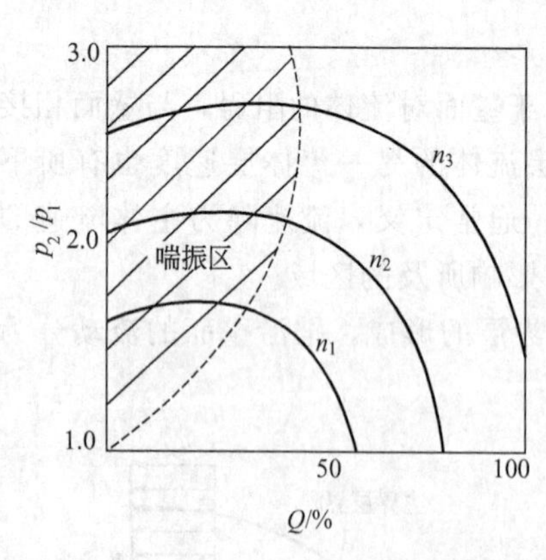

图 8-4　离心式压缩机特性曲线

离心式压缩机在运行过程中，有可能会出现这样一种现象，即当负荷降低到一定程度时，气体的排出量会出现强烈振荡，同时机身也会剧烈振动，并发出“哮喘”或吼叫声，这种现象就叫做离心式压缩机“喘振”。

喘振是离心式压缩机的固有特性，而事实上少数离心泵也可能喘振。由于对离心泵较易说明喘振原理，下面将以它作为例子加以阐述，读者不难将其原理扩展到离心式压缩机。

少数离心泵，其 H-Q 性能曲线会呈现驼峰型，如图 8-5 所示。这种性能曲线和管路特性可能有两个交点 M 和 M_1，理论上讲都是工作点。但 M_1 是稳定工作点，M 是不稳定工作点。所谓稳定工作点是指流体输送系统经受一个较小的扰动而偏离了该工作点后，系统又会自动返回到原来工作点，而不稳定工作点则相反。

在离心泵的实际运行中，可能发生的不稳定工作情况如图 8-6 所示。使用一台 H-Q 曲线呈驼峰型的离心泵，把液体输送到一个高位贮罐中去。设离心泵启动前罐液位为 1-1，相应管路特性为Ⅰ，则泵刚运转时的工作点为 M，流量为 Q_M。如果在向高位罐输送液体的同时，从贮罐中又抽出 Q_a 的流量，并且 $Q_a < Q_M$，故罐中液位将由 1-1 上升到 2-2及 3-3，管路特性将相应于由Ⅰ向上平移到Ⅱ和Ⅲ。在此同时，自泵输送到贮罐中的流量也将相应地由 Q_M 逐步减为 Q_N 及 Q_o。假如 $Q_a < Q_o$ 则液位仍将上升。设管路特性Ⅲ已与泵的特性曲线相切于 O 点，则当液位再略微升高时，其对应管路特性再向上移，两曲线不再相交。这时，泵提供的扬程在任何流量下均小于管路所需压头，泵便不能再输送液体，管路中的止回间将关闭，泵变成在零流量的 P 点工作（若无止回阀，则会发生液体倒灌入泵）。

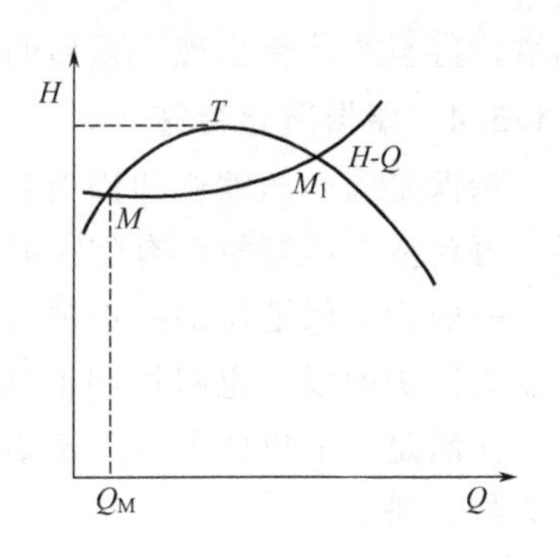

图 8-5　驼峰型离心泵性能曲线

由于自罐内向外排出的液量 Q_a 不因泵停止供液而减少，则罐内液位将逐渐下降。液位到 3-3 时，两曲线又相切于 O 点，但这时离心泵的流量还为零，扬程 H_p 小于管路所需的压头，故泵还不能向管路供液，一直到液位下降到 2-2，这时泵的扬程 H_p 与管路所需压头相等，止回阀被推开，泵重新向罐内输送液体。一旦泵开始供液，则泵提供的扬程大于管路所需压头，流量就迅速增加，使工作点很快地由 P 点变到 N 点。这样，泵输送进罐的流量大于自罐抽出的流量，液位转而又上升，管路特性再次向上平移。如此不断地重复上述过程，泵的工作点由 O 变到 P，停止供液一段时间后又很快地变到 N 点工作。所以，在这种情况下，泵的工作点不稳定地跳来跳去，导致管路中产生周期性的水击、噪声和振动等，这就是喘振现象。

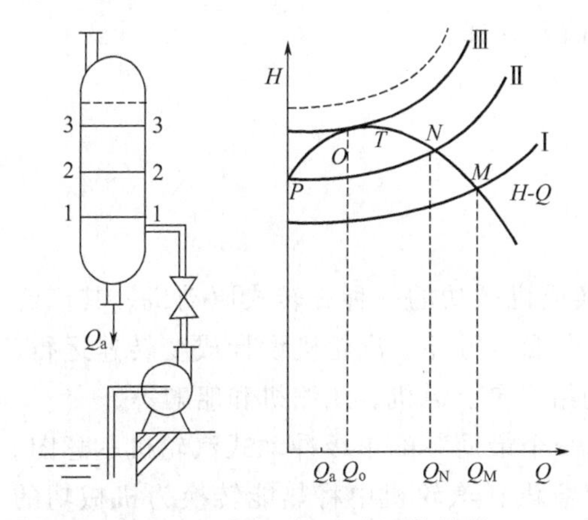

图 8-6　离心泵不稳定工作情况

从上述分析可知，离心泵工作中产生不稳定工况需要两个条件：一是泵的 H-Q 特性曲线呈驼峰状，二是管路系统中要有能自由升降的液位或其他能贮存和放出能量的部分。因此，对离心泵的情况，当遇到具有这种特点的管路装置时，则应避免选用具有驼峰型特性的泵。

压缩机在运行中，进口容积流量 Q_{in} 的降低，会使叶轮或有叶扩压器叶片的非工作面上出现边界层分离，边界层分离区继续扩大，会导致该分离区（又称脱离团）旋转比叶轮旋转慢了半拍，成为离去团，当压缩机的流道中几乎大部分为离去团时，流动状况严重恶化，气体压力无法得到提高，造成压缩机出口压力 P_{out} 突然下降。因此离心压缩机的性能曲线大多呈驼峰型。同时其输送的介质是可压缩的气体，只要串联着的管路容积较大，就能起到贮放能量的作用，故发生不稳定跳动的工作情况便更为容易。连接离心式压缩机不同转速下的特性曲线的最高点，所得曲线称喘振极限线，左侧部分称为喘振区，如图 8-4 中阴影部分。喘振情况与管网特性有关。管网容量越大，喘振的振幅越大，而频率越低；管网容量越小，则相反。

8.1.5.3　喘振的后果

压缩机出口压力 p_{out} 和进口流量 Q_{in} 明显降低并产生大幅度波动。气流的强烈脉动引发激振，使转子、轴承、壳体、出口管线都会发生震动。噪声由原连续变为周期性的，且显著剧增，甚至有伴音出现。强烈的震动引起轴承、密封的损坏，严重时将损坏转子。

8.1.5.4 喘振防止措施

喘振是离心压缩机的固有特征，是导致压缩机损坏的主要原因之一，应给予充分的重视。每台离心压缩机都有防喘振控制系统以保护压缩机不会损坏。

一般为了保证压缩机不进入喘振区，在喘振临界线的右边留有一定的裕量，再做一条曲线作为保护曲线，也叫控制曲线。采用部分回流的方法，使之既适应工艺低负荷生产的要求，又满足压缩机的流量大于临界极限的要求，从而避免进入喘振区。防喘振控制一般有以下 3 种方法。

(1) 固定极限流量法　在一定的转速时，根据压缩机的特性曲线可以知道该转速下的最小安全流量 Q_{min}，运行时防喘振调节器的给定值 $Q_{给}=Q_{min}$，$Q_{min}>Q_c$，当流量小于 Q_{min} 时，开打回流阀，使实际流量一直不小于 Q_{min}，就不至于使压缩机进入喘振区。

如果机组在一定范围内变速时，Q_{min} 也变化，如果仍然采用固定极限流量的控制方案，则只能选用最高转速时的 Q_{min} 作为 $Q_{给}$，但是这样在低速部分负荷时显然是不经济的，但它的优点是方案简单，容易操作。

(2) 可变极限流量法　为了减少压缩机的能量损耗，在压缩机的转速变化时，防喘振控制系统的给定值也应随之变化，这就是可变极限流量法防喘振系统。其实际方法是把各种转速下的最小允许流量计算出来，把计算结果作为防喘振系统的给定值，这样不会使压缩机进入喘振区，又使循环气量最小，提高了压缩机的效率，降低了能耗。

(3) 出口放空法　对于那些空气、二氧化碳或氮气等介质的压缩机，由于放空对周围环境影响不大，因此，可以采用出口放空的方法来解决机组喘振问题。对于有毒、有害、污染性、易燃易爆类介质的压缩机出口放空需要考虑回收及处理。

8.2 汽轮机

8.2.1 工作原理

汽轮机又称“蒸汽透平”，是将蒸汽的热能转换成机械功的一种旋转式原动机。其广泛用于常规火力发电厂和核电站中拖动发电机来生产电能。另外，汽轮机设计成变转速运行，用于直接驱动给水泵、风机、压缩机和船舶等。

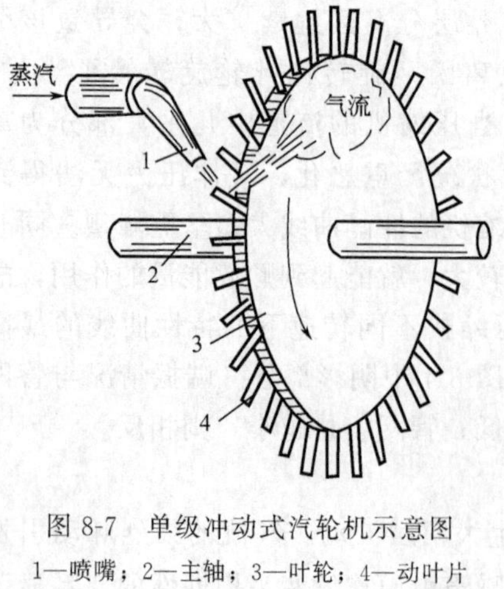

图 8-7 是一个最简单的单级冲动式汽轮机示意图。由图可以看出蒸汽在汽轮机中将热能转换为机械功的过程。首先，具有一定压力和温度的蒸汽流经固定不动的喷嘴，并在其中膨胀，蒸汽的压力、温度不断降低，速度不断增加，使蒸汽的热能转化为动能。然后，喷嘴出口的高速气流以一定的方向进入装在叶轮上的动叶片通道中，由于气流速度的大小和方向改变，气流给动叶片一定作用力，推动叶轮旋转做功。可见，一列固定的喷嘴和与它相配合的动叶片构成了汽轮机的基本做功单元，称为汽轮机的级。

蒸汽
气流
1
2
3
4

图 8-7 单级冲动式汽轮机示意图
1—喷嘴；2—主轴；3—叶轮；4—动叶片

在汽轮机的级中，可以通过冲动和反动两种不同的作用原理使蒸汽的热能转化为机械功。因此，汽轮机按工作原理分为冲动式和反动式。

(1) 冲动作用原理　由力学知识，当运动物体碰到静止的另一个物体或者运动速度低于它的物体时，就会受到阻碍而改变其速度的大小或方向，同时给阻碍它的物体一个作用力，该作用力称为冲动力。运行物体质量的大小和速度的变化决定了冲动力的大小，质量越大，冲动力越大；速度变化越大，冲动力越大。若在冲动力作用下，阻碍运动物体的速度发生了改变，则运动物体就做出了机械功。根据能量守恒定律，运动物体动能的变化值就等于其所做出的机械功。利用冲动力做功的原理，称为冲动作用原理。

喷嘴出口的蒸汽高速进入按冲动原理做功的动叶通道中，由于受到动叶片的阻碍，气流方向不断改变，最后流出动叶片通道，在流道中蒸汽对动叶片产生一个轮周方向的冲动力，该力对动叶片做功，使动叶轮转动。

冲动作用原理的特点是蒸汽仅把从喷嘴获得的动能转变为机械功，蒸汽在动叶片通道中不膨胀，动叶通道不收缩，即在动叶通道中没有热能转化为动能。

(2) 反动作用原理　根据动量守恒定律，当气体从容器中加速流出时，要对容器产生一个与流动方向相反的力，称为反动力，利用反动力做功的原理，称为反动作用原理。火箭的发射是利用反动作用原理的典型例子，火箭内燃料燃烧时，大量气体从火箭尾部喷出，高速气流就给火箭一个与气流方向相反的反动力，使火箭向上运动。

蒸汽流经做功的级（该级是利用反动原理做功的）时，先在喷嘴中膨胀，压力降低，速度增加进入动叶后，一方面通过速度方向的改变产生冲动力，另一方面蒸汽在动叶中继续膨胀，压力降低，所产生的焓降转化为动能，由于动叶是旋转的，所以这一转化造成动叶出口的相对速度大于进口相对速度。相对速度的增加使气流产生了作用于动叶片上的反动力，该反动力方向与气流方向相反的。在蒸汽的冲动力和反动力共同作用下的轮周方向的合力推动动叶旋转做功。

反动作用原理的基本特点是蒸汽在动叶流道中不仅要改变方向，而且还要膨胀加速，从结构上看动叶通道是逐渐收缩的。

8.2.2 分类

汽轮机按热力特性可分为凝汽式、背压式、调整抽汽式与中间再热式。

凝汽式汽轮机是指进入汽轮机的蒸汽做功后在高度真空状态下全部排入凝汽器，凝结成水全部返回锅炉。

背压式汽轮机是排汽直接用于供热，没有凝汽器。

调整抽汽式汽轮机是从汽轮机某一级中经调压器控制抽出大量已经做了部分功的一定压力范围的蒸汽，供给其他工厂及热用户使用，机组仍设有凝汽器，这种型式的机组称为调整抽汽式汽轮机。它一方面能使蒸汽中的热量得到充分利用，同时因设有凝汽器，当用户用汽量减少时，仍能根据低压缸的容量保证汽轮机带一定的负荷。

中间再热式汽轮机就是蒸汽在汽轮机内做了一部分功后，从中间引出，通过锅炉的再热器提高温度（一般升高到机组额定温度），然后再回到汽轮机继续做功，最后排入凝汽器的汽轮机。

8.2.3 系统组成

汽轮机结构及附属设备如表8-2。

表 8-2　汽轮机结构及附属设备

序号	零件名称		组　成	作　用	备　注
1	汽轮机	转动部分	主轴、叶轮、动叶、联轴器和装在轴上的其他零件	将蒸汽的动能转变为机械能，传递作用在动叶上的蒸汽圆周分力所产生的扭矩，向外输出机械功	反动式汽轮机有将蒸汽热能转化为动能作用
2		静止部分	汽缸、汽缸膨胀所需要的滑销系统、喷嘴组和隔板	将蒸汽的热能转变为动能（主要是在喷嘴中实现的）	
3	附属设备	凝汽器	将汽轮机排出的乏汽冷凝为凝结水，使汽轮机排汽部分建立并保持一定真空，以增大蒸汽的可用焓降，且回收冷凝下来的凝结水作为锅炉的给水，从而提高整个装置的热效率		
4		盘车装置	（1）汽轮机启动冲转前，由于轴封供汽大部分漏入汽缸而造成汽缸上下出现温差，使转子产生向上的热变形，为保证动静部分没有摩擦现象，必须先用盘车装置带动转子作低速旋转，使转子受热均匀；（2）汽轮机停机后，汽缸和转子等部件的下部冷却较上部快，转子也会产生向上的热变形，这个变形恢复到启动的允许值一般需要几十个小时，显然延误了下一次启动时间，为了保证汽轮机停机后可随时启动，在机组停机后也必须使用盘车装置盘动转子，使转子温度均匀；（3）启动前盘动转子，可用来检查汽轮机是否具备启动条件（如是否存在动、静部分摩擦及轴弯曲变形是否符合规定）；盘车装置还可减少冲动转子时的力矩		
5		抽气器	及时将空气及其他不凝性气体从凝汽设备中不断抽出，从而保持凝汽器的真空度		

此外，汽轮机系统还包括润滑油系统和调节保安油系统，在这里就不赘述。

8.3　单级透平离心式压缩机

8.3.1　本实训单元的工艺流程

如图 8-8 所示，在生产过程中产生的压力为 1.2～1.6kgf/cm²[1]（绝），温度为 30℃左右的低压甲烷经 VD01 阀进入甲烷储罐 FA311，罐内压力控制在 300mmH_2O。甲烷从储罐 FA311 出来，进入压缩机 GB301，经过压缩机压缩，出口排出压力为 4.03kgf/cm²（绝），温度为 160℃的中压甲烷，然后经过手动控制阀 VD06 进入燃料系统。

为了防止压缩机发生喘振，该流程设计了由压缩机出口至储罐 FA311 的返回管路，即由压缩机出口经过换热器 EA305 和 PV304B 阀到储罐的管线。返回的甲烷经冷却器 EA305 冷却。另外储罐 FA311 有一超压保护控制器 PIC303，当 FA311 中压力超高时，低压甲烷可以经 PIC303 控制放火炬，使罐中压力降低。压缩机 GB301 由蒸汽透平 GT301 同轴驱动，蒸汽透平的供汽为压力 15kgf/cm²（绝）的来自管网的中压蒸汽，排汽为压力 3kgf/cm²（绝）的降压蒸汽，进入低压蒸汽管网。

[1] 1kgf/cm²＝98066.5Pa，全书同。

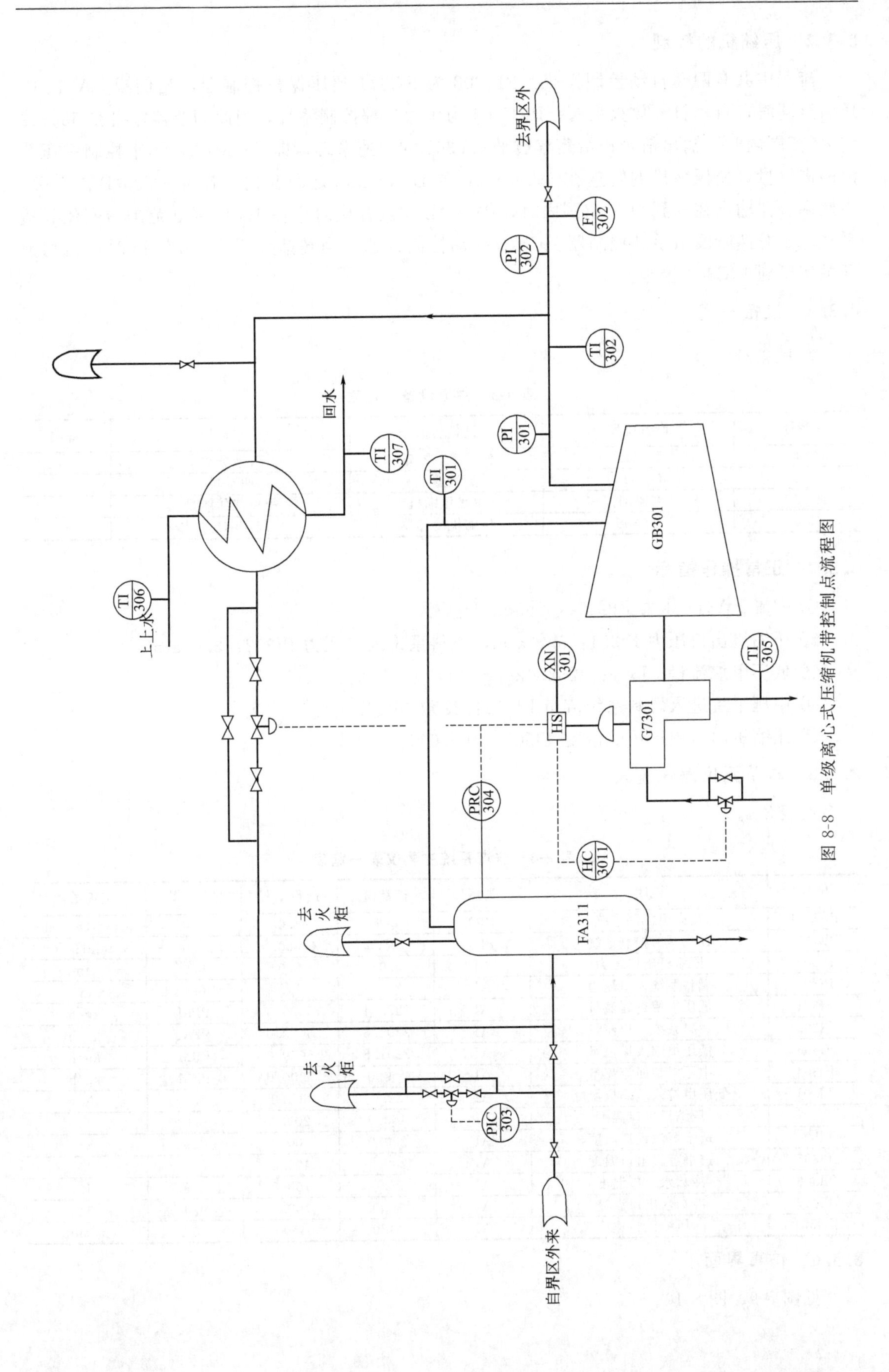

图 8-8 单级离心式压缩机带控制点流程图

8.3.2 压缩机的控制

流程中共有两套自动控制系统：PIC303 为 FA311 超压保护控制器，当储罐 FA311 中压力过高时，自动打开放火炬阀。PRC304 为压力分程控制系统，当此调节器输出在 50%～100%范围内时，输出信号送给蒸汽透平 GT301 的调速系统，即 PV304A，用来控制中压蒸汽的进汽量，使压缩机的转速在 3350r/min 至 4704r/min 之间变化，此时 PV304B 阀全关。当此调节器输出在 0 到 50%范围内时，PV304B 阀的开度对应在 100%至 0 范围内变化。透平在起始升速阶段由手动控制器 HC311 手动控制升速，当转速大于 3450r/min 时可由切换开关切换到 PIC304 控制。

8.3.3 设备一览

见表 8-3。

表 8-3 主要设备一览表

序号	设备位号	设备名称	工艺作用	备注
1	FA311	低压甲烷贮罐	气液分离	
2	GT301	蒸汽透平	驱动机	
3	GB301	单级压缩机	提供气体能量	
4	EA305	压缩机冷却器	冷却压缩后气体	

8.3.4 正常操作指标

① 贮罐 FA311 压力 PIC304：295mmH_2O。

② 压缩机出口压力 PI301：3.03atm，燃料系统入口压力 PI302：2.03atm。

③ 低压甲烷流量 FI301：3232.0kg/h。

④ 中压甲烷进入燃料系统流量 FI302：3200.0kg/h。

⑤ 压缩机出口中压甲烷温度 TI302：160.0℃。

8.3.5 本单元仪表一览表

见表 8-4。

表 8-4 仿真系统主要仪表一览表

位号	说明	类型	正常值	量程上限	量程下限	工程单位
PIC303	放火炬控制系统	PID	0.1	4.0	0.0	atm
PIC304	贮罐压力控制系统	PID	295.0	40000.0	0.0	mmH_2O
PI301	压缩机出口压力	AI	3.03	5.0	0.0	atm
PI302	燃料系统入口压力	AI	2.03	5.0	0.0	atm
FI301	低压甲烷进料流量	AI	3233.4	5000.0	PPM	kg/h
FI302	燃料系统入口流量	AI	3201.6	5000.0	PPM	kg/h
FI303	低压甲烷入罐流量	AI	3201.6	5000.0	PPM	kg/h
FI304	中压甲烷回流流量	AI	0.0	5000.0	PPM	kg/h
TI301	低压甲烷入压缩机温度	AI	30.0	200.0	0.0	℃
TI302	压缩机出口温度	AI	160.0	200.0	0.0	℃
TI304	透平蒸汽入口温度	AI	290.0	400.0	0.0	℃
TI305	透平蒸汽出口温度	AI	200.0	400.0	0.0	℃
TI306	冷却水入口温度	AI	30.0	100.0	0.0	℃
TI307	冷却水出口温度	AI	30.0	100.0	0.0	℃
XN301	压缩机转速	AI	4480	4500	0	r/min

8.3.6 仿真界面

见图 8-9、图 8-10。

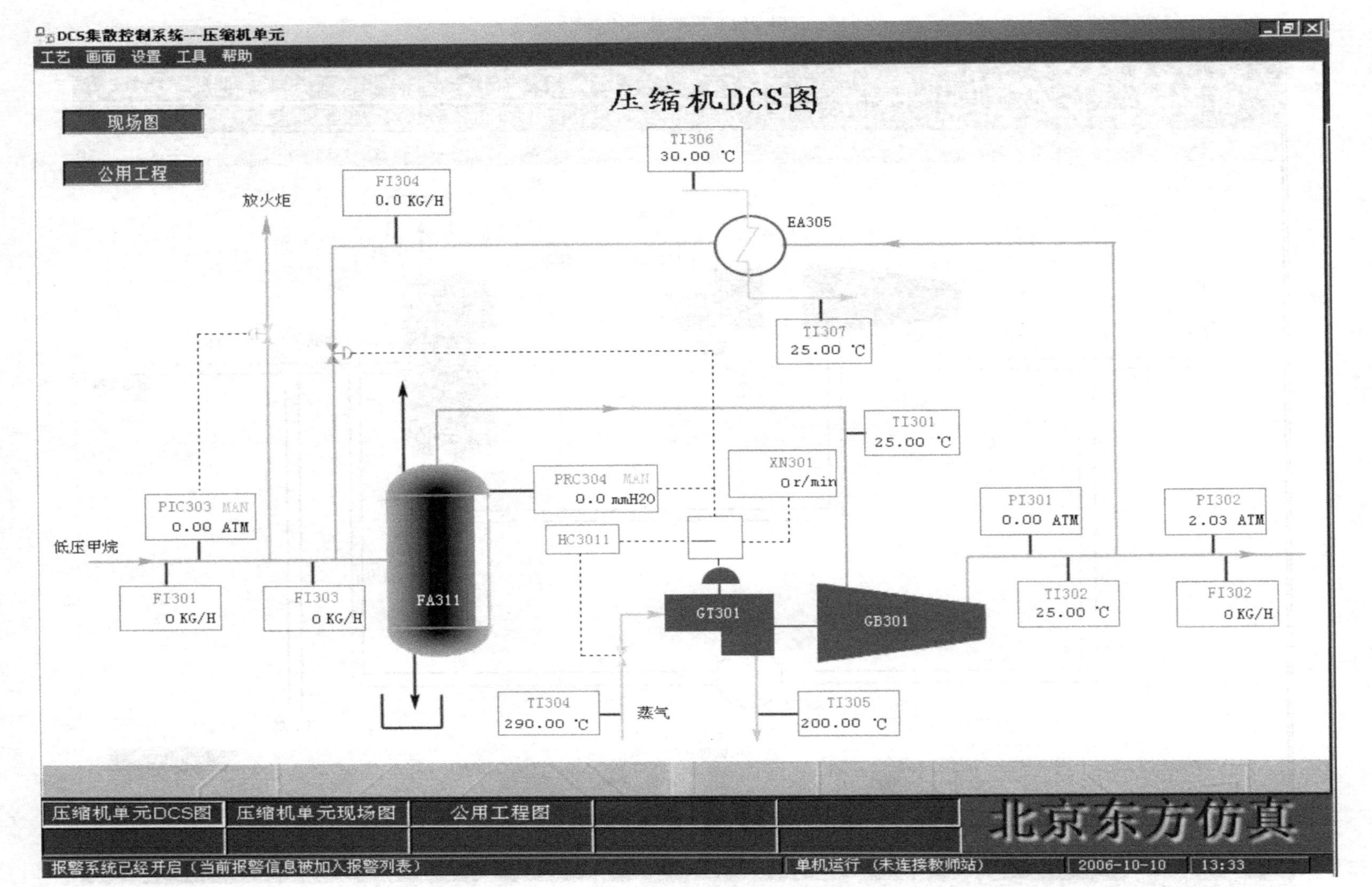

图 8-9 压缩机 DCS 界面

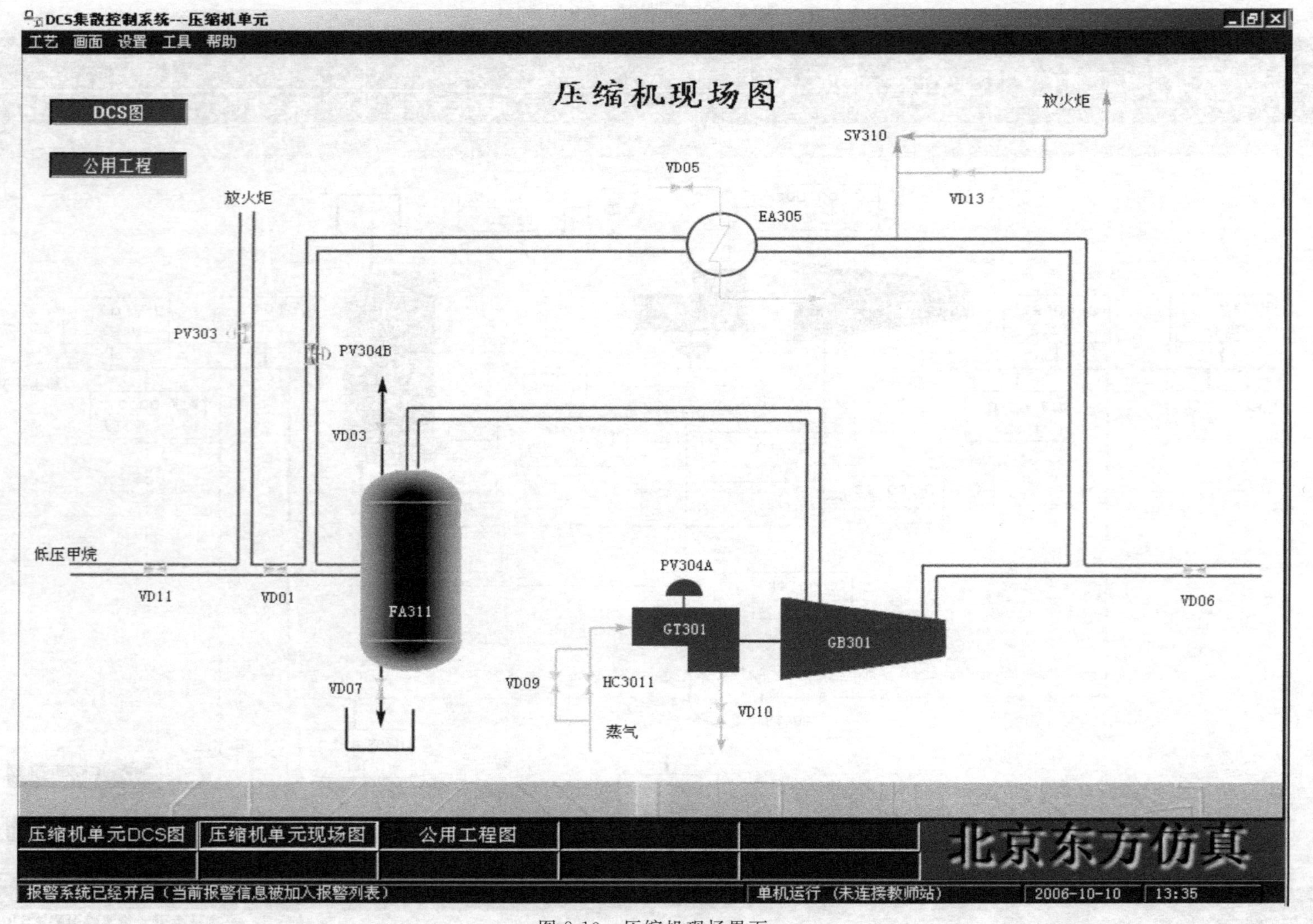

图 8-10 压缩机现场界面

8.3.7　开车步骤

见表 8-5。

总分：420.00

表 8-5　正常开车步骤及关键步骤简要说明

操作过程	分值	操作步骤	关键步骤简要说明	备注
开车准备	60.00			
1.1	10.00	启动公用工程	公用工程即水（工业水、循环水）、电、气（中、低压蒸汽、氮气、仪表风、压缩空气等）	
1.2	10.00	油路开车	润滑油系统、油封系统以及控制油系统	
1.3	10.00	盘车	供轴封汽后需要盘车，以防止由于轴封汽漏入缸内而使转子及汽缸上下受热不均匀而造成转子弯曲变形。通过盘车就可以检查汽轮机静、动部件之间有无摩擦，大轴弯度是否正常等	
1.4	10.00	当 XN301 显示压缩机转速升到 199r/min 时，停盘车		
1.5	10.00	开启暖机	对透平机进行逐渐加热	
1.6	10.00	打开阀门 VD05，EA305 冷却水投用	开启冷却水，对压缩后返回气体进行降温	
罐 FA311 充低压甲烷	50.00			
2.1	10.00	打开低压甲烷原料阀 VD11	引甲烷进系统，注意 VD11 和 VD01 的开度，使二者相适应，以减少甲烷的放空量；通过调整 PIC303 的 OP 值调节去火炬的甲烷量，实现进系统甲烷压力的稳定，使 FA311 的压力干扰减少一个，只需通过调整 VD03 的开度来实现 FA311 的压力稳定，注意使 FA311 的压力受压缩机转速的影响，并要随时调整，使其稳定在 300mmH_2O；PRC304 与 PIC303 的质量分数在该过程评分结束时也结束，因此二者要尽快调整到正常值，以提高分数，尤其是前者	
2.2	10.00	手动调节 PIC303，打开 PV303 放火炬		
2.3	10.00	逐渐打开 FA311 入口阀 VD01		
2.4	10.00	通过调节 FV311 顶部安全阀 VD03 的开度，使贮罐 FA311 压力 PRC304 保持稳定		
2.5	10.00	调节 PV303 阀门开度，使 PIC303 压力维持在 0.1atm		

VD01 保持打开状态 100s，甲烷入口压力保持在 0.05～0.16atm 60s，甲烷贮罐压力保持在 300～500mmH_2O 60s，该过程结束

操作过程	分值	操作步骤	关键步骤简要说明	备注
手动升速	60.00			
3.1	10.00	开透平低压蒸汽出口阀 VD10	VD10 最好全开	
3.2	10.00	缓慢打开中压蒸汽入口阀 HC3011	HC3011 为远程遥控，用于手动升速	
3.3	10.00	压缩机转速在 250～300r/min，维持一段时间无异常	注意 HC3011 的开度，转速滞后性比较大，其开度小于 10%；转速在 250～300r/min 维持 60s 评分结束，可继续升速，超过 380r/min 严重错误	
3.4	10.00	按递增级差小于 10% 开大 HC3011，使压缩机转速升至 1000r/min	注意 HC3011 的开度，转速滞后性比较大，其开度小于 30%；转速在 1000r/min 维持 60s 评分结束，可继续升速，超过 1100r/min 或者低于 900r/min 严重错误	
3.5	10.00	调节 PV303 阀门开度，使 PIC303 压力维持在 0.1atm	正常值 0.1atm	
3.6	10.00	通过调节 FV311 顶部安全阀 VD03 的开度，使贮罐 FA311 压力 PRC304 保持稳定	正常值 400mmH_2O，大于 800，严重错误，该步质量分得不到	

压缩机转速大于等于 1000r/min 60s，甲烷入口压力 PIC303 保持在 0.05～0.16atm 60s，甲烷贮罐压力 PRC304 保持在 300～500mmH_2O 60s，该过程结束

续表

操作过程	分值	操作步骤	关键步骤简要说明	备注
跳闸实验	40.00	压缩机转速大于等于1000r/min，该过程起始条件满足		
4.1	10.00	按紧急停车按钮		
4.2	10.00	XN301显示压缩机转速下降为0后，HC3011关闭为0		
4.3	10.00	关闭低压蒸汽出口阀VD10		
4.4	10.00	等待半分钟后，按压缩机复位按钮		
重新手动调速	40.00	当按下压缩机复位按钮，该过程起始条件满足		
5.1	10.00	重新手动升速，开透平低压蒸汽出口阀VD10		
5.2	10.00	打开HC3011，使压缩机转速缓慢升至1000r/min	转速在1000r/min维持30s，评分结束，可继续升速，超过1300r/min或者低于700r/min严重错误	
5.3	10.00	压缩机转速缓慢升至1000r/min		
5.4	10.00	按同样的递增级差继续开大HC3011，使压缩机转速升至3350r/min	HC3011全开才能达到3350r/min	
压缩机转速大于3350r/min时，该过程结束				
启动调速系统	40.00	压缩机转速大于3350r/min时，该过程起始条件满足		
6.1	10.00	将调速开关切换至PIC304方向		
6.2	10.00	调大PRC304输出值，使阀PV304B缓慢关闭	PV304B一定要缓慢关闭，否则就发生喘振	
6.3	10.00	可缓慢打开压缩机GB301出口安全阀SV310的旁通阀VD13，使压缩机出口压力在3～5atm范围内		
6.4	10.00	压缩机出口压力在3～5atm范围内	正常值4atm	
压缩机出口压力保持在3～5atm范围内保持60s，该过程结束				
调节操作参数到正常值	130.00	该过程的步骤要严格按先后顺序进行操作		
7.1	10.00	当PI301压力指示值为3.03atm时，关旁路阀VD13		
7.2	10.00	打开VD06去燃料系统阀		
7.3	10.00	同时相应关闭PIC303放火炬阀		
7.4	10.00	通过改变VD03大小，控制入口压力PRC304在300mmH_2O		
7.5	10.00	逐步开大阀PV304A，使压缩机慢慢升速，当压缩机转速达到4480r/min后，将PRC304投自动	PRC304的OP在90左右	
7.6	10.00	PRC304设定295mmH_2O		
7.7	10.00	将PIC303投自动		
7.8	10.00	PIC303设定0.1atm		
7.9	10.00	PIC303压力在0.1atm		
7.10	10.00	联锁投用		
7.11	10.00	低压甲烷流量FI301	正常值3232	
7.12	10.00	中压甲烷送燃料系统流量FI302	正常值3200	
7.13	10.00	压缩机出口中压甲烷温度TI302	正常值160	

8.4 二氧化碳压缩机

8.4.1 本实训单元的工艺流程

本实训单元的工艺流程包括CO_2系统、透平系统与油系统，如图8-11所示。

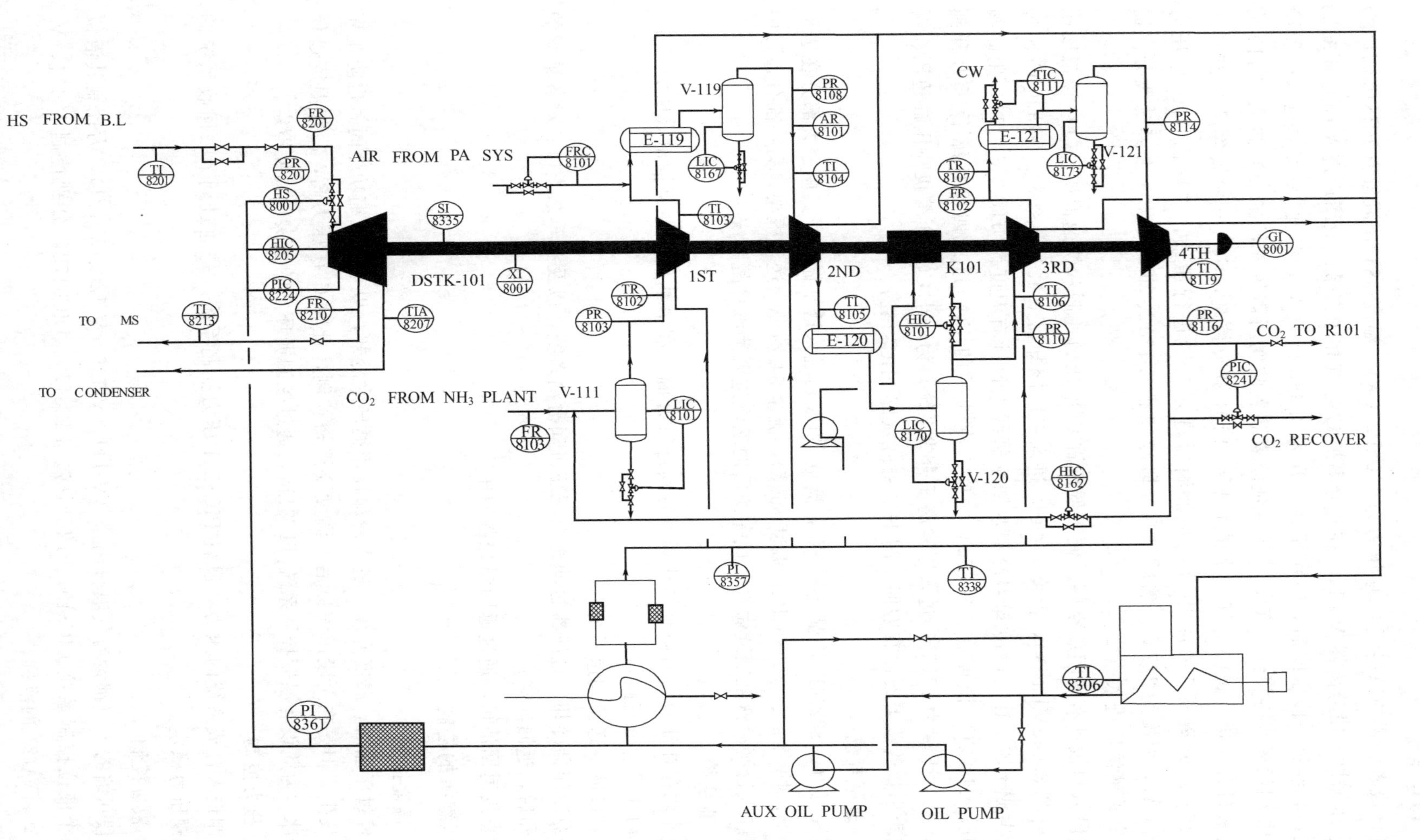

图 8-11 二氧化碳压缩机带控制点流程图

8.4.1.1 CO_2 系统

来自合成氨装置的原料气 CO_2 压力为 150kPa（A），温度 38℃，流量由 FR8103 计量，进入 CO_2 压缩机一段分离器 V-111，在此分离掉 CO_2 气相中夹带的液滴后进入 CO_2 压缩机的一段入口，经过一段压缩后，CO_2 压力上升为 0.38MPa（A），温度 194℃，进入一段冷却器 E-119 用循环水冷却到 43℃，为了保证尿素装置防腐所需氧气，在 CO_2 进入 E-119 前加入适量来自合成氨装置的空气，流量由 FRC-8101 调节控制，CO_2 气中氧含量 0.25%～0.35%，在一段分离器 V-119 中分离掉液滴后进入二段进行压缩，二段出口 CO_2 压力 1.866MPa(A)，温度为 227℃。然后进入二段冷却器 E-120 冷却到 43℃，并经二段分离器 V-120 分离掉液滴后进入三段。

在三段入口设计有段间放空阀。便于低压缸 CO_2 压力控制和快速泄压，CO_2 经三段压缩后压力升到 8.046MPa(A)，温度 214℃，进入三段冷却器 E-121 中冷却。为防止 CO_2 过度冷却而生成干冰，在三段冷却器冷却水回水管线上设计有温度调节阀 TV-8111，用此阀来控制四段入口 CO_2 温度在 50～55℃之间。冷却后的 CO_2 进入四段压缩后压力升到 15.5MPa(A)，温度为 121℃，进入尿素高压合成系统。为防止 CO_2 压缩机高压缸超压、喘振，在四段出口管线上设计有四回一阀 HV-8162（即 HIC8162）。

8.4.1.2 透平系统

主蒸汽压力 5.882MPa，湿度 450℃，流量 82t/h，进入透平做功，其中一大部分在透平中部被抽出，抽汽压力 2.598MPa，温度 350℃，流量 54.4t/h，送至框架，另一部分通过中压调节阀进入透平后汽缸继续做功，做完功后的乏汽进入蒸汽冷凝系统。

8.4.1.3 油系统

润滑油贮存在油箱，油箱有加热器可对其进行升温。润滑油由主油泵抽出（压力不足，辅油泵自动开启）分三路：

一路经过滤器送至调速系统；

一路经冷却器冷却、过滤器过滤送至压缩机润滑油系统，以及盘车泵进口。对各轴承的润滑和冷却后，返回油箱；

一路直接返回油箱，通过返回量控制油压。

8.4.2 压缩机的控制

8.4.2.1 温度控制

气体经过压缩后，温度升高，进入冷却器用循环水冷却，以节省压缩功耗同时也防止高温事故的发生。但是在三段压缩以后，温度要严格控制，此时 CO_2 压力高，冷却温度过低会生成干冰。为此设有温度控制系统 TIC8111，通过控制循环水的量实现温度恒定。

8.4.2.2 压力控制

为控制进入合成系统的压力，设置 PIC8241 压力控制系统，是通过调节去回收系统的气体量实现压力稳定。

8.4.2.3 液位控制

在每段压缩的入口都设有气液分离器（V-111、V-119、V-120、V-121），为控制其液位设置有四个液位控制系统 LIC8101、LIC8167、LIC8170、LIC8173，分别控制 V-111、V-119、V-120、V-121 的液位。

8.4.2.4 流量控制

在CO_2进入E-119前加入适量来自合成氨装置的空气，流量由FRC-8101调节控制，CO_2气中氧含量0.25%～0.35%，以进入尿素合成系统，钝化反应器器壁，延缓腐蚀。

8.4.2.5 远程遥控

该系统中为安全操作装置，设置两个远程遥控三段入口段间放空阀HV-8162（即HIC8162）和四回一阀HV-8101（即HIC8101）。

8.4.3 设备一览

见表8-6。

表8-6 主要设备一览表

序号	流程图位号	设备位号	主要设备	设备作用	备注
1	U8001	E-119	CO_2一段冷却器	对压缩后升温气体进行降温	
2		E-120	CO_2二段冷却器		
3		E-121	CO_2二段冷却器		
4		V-111	CO_2一段分离器	气液分离	
5		V-120	CO_2二段分离器		
6		V-121	CO_2三段分离器		
7		DSTK-101	CO_2压缩机组透平		
8	U8002	DSTK-101	CO_2压缩机组透平	提供原动力	
9			油箱		
10			油泵	提供高的油压	
11			油冷器	保证润滑油的温度	
12			油过滤器	防止杂质进入润滑系统	
13			盘车油泵	盘车	

8.4.4 正常操作指标

见表8-7。

表8-7 仿真系统主要参数正常指标一览表

表位号	测量点位置	正常值	单位	备注
TR8102	CO_2原料气温度	40	℃	
TI8103	CO_2压缩机一段出口温度	190	℃	
PR8108	CO_2压缩机一段出口压力	0.28	MPa(G)	
TI8104	CO_2压缩机一段冷却器出口温度	43	℃	
FRC8101	二段空气补加流量	330	kg/h	
FR8103	CO_2吸入流量	27000	Nm^3/h	
FR8102	三段出口流量	27330	Nm^3/h	
AR8101	含氧量	0.25～0.3	%	
TE8105	CO_2压缩机二段出口温度	225	℃	
PR8110	CO_2压缩机二段出口压力	1.8	MPa(G)	
TI8106	CO_2压缩机二段冷却器出口温度	43	℃	
TI8107	CO_2压缩机三段出口温度	214	℃	
PR8114	CO_2压缩机三段出口压力	8.02	MPa(G)	
TIC8111	CO_2压缩机三段冷却器出口温度	52	℃	

续表

表位号	测量点位置	正常值	单位	备注
TI8119	CO_2 压缩机四段出口温度	120	℃	
PIC8241	CO_2 压缩机四段出口压力	15.4	MPa(G)	
PIC8224	出透平中压蒸汽压力	2.5	MPa(G)	
Fr8201	入透平蒸汽流量	82	t/h	
FR8210	出透平中压蒸汽流量	54.4	t/h	
TI8213	出透平中压蒸汽温度	350	℃	
TI8338	CO_2 压缩机油冷器出口温度	43	℃	
PI8357	CO_2 压缩机油滤器出口压力	0.25	MPa(G)	
PI8361	CO_2 控制油压力	0.95	MPa(G)	
SI8335	压缩机转速	6935	r/min	
XI8001	压缩机振动	0.022	mm	
GI8001	压缩机轴位移	0.24	mm	

8.4.5 工艺报警及联锁触发值

见表 8-8。

表 8-8 仿真系统主要工艺报警及联锁触发值一览表

位号	检测点	触发值	备注
PSXL8101	V111 压力	≤0.09MPa	
PSXH8223	蒸汽透平背压	≥2.75MPa	
LSXH8165	V119 液位	≥85%	
LSXH8168	V120 液位	≥85%	
LSXH8171	V121 液位	≥85%	
LAXH8102	V111 液位	≥85%	
SSXH8335	压缩机转速	≥7200r/min	
PSXL8372	控制油油压	≤0.85MPa	
PSXL8359	润滑油油压	≤0.2MPa	
PAXH8136	CO_2 四段出口压力	≥16.5MPa	
PAXL8134	CO_2 四段出口压力	≤14.5MPa	
SXH8001	压缩机轴位移	≥0.3mm	
SXH8002	压缩机径向振动	≥0.03mm	
振动联锁	XI8001≥0.05mm 或 GI8001≥0.5mm(20s 后触发)		
油压联锁	PI8361≤0.6MPa		
辅油泵自启动联锁	PI8361≤0.8MPa		

8.4.6 仿真界面

见图 8-12～图 8-16。

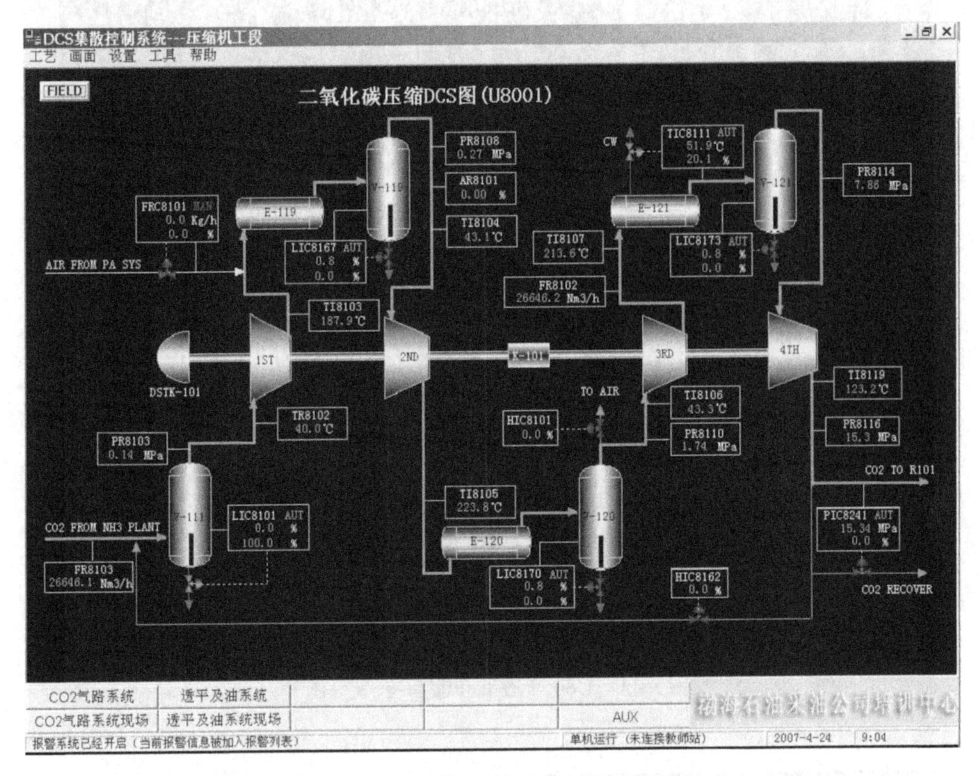

图 8-12 U8001 CO_2 气路系统 DCS 图

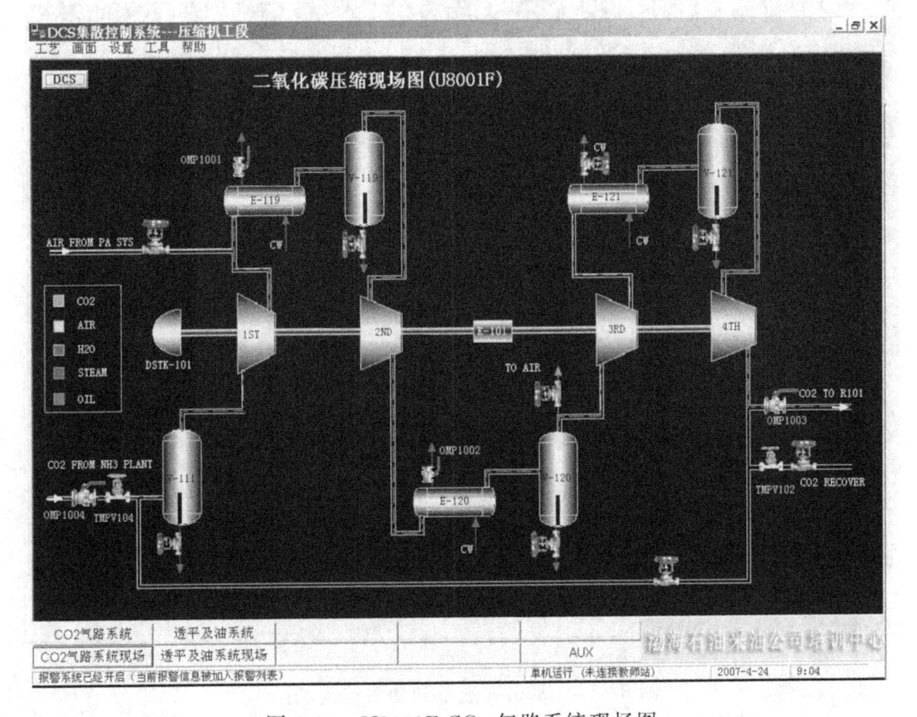

图 8-13 U8001F CO_2 气路系统现场图

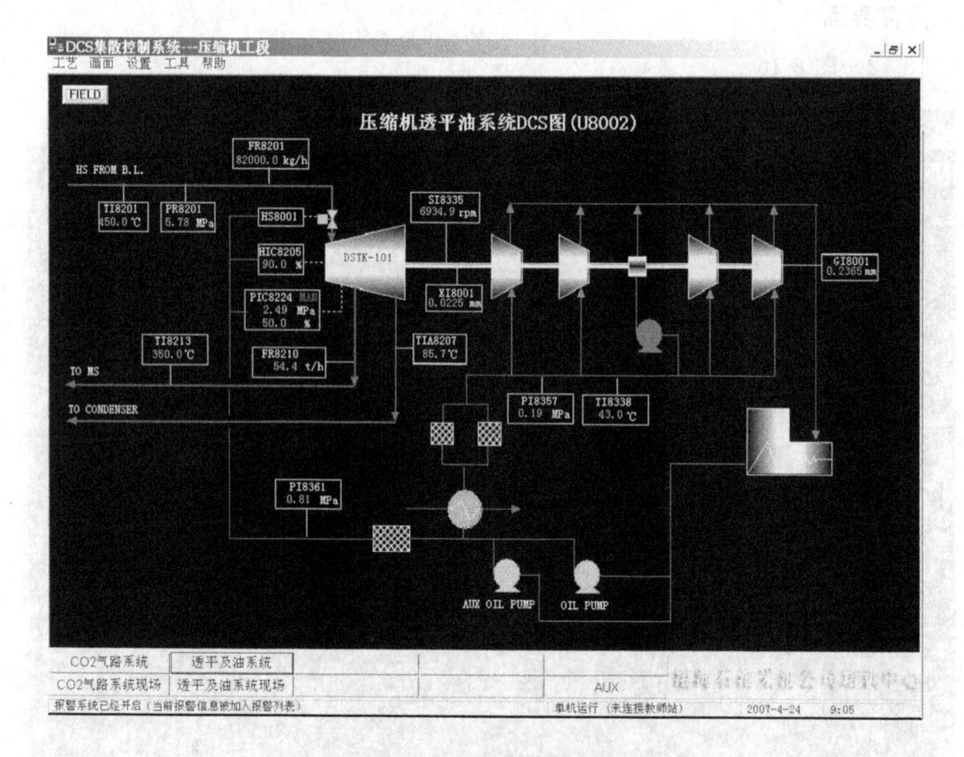

图 8-14 U8002 透平和油系统 DCS 图

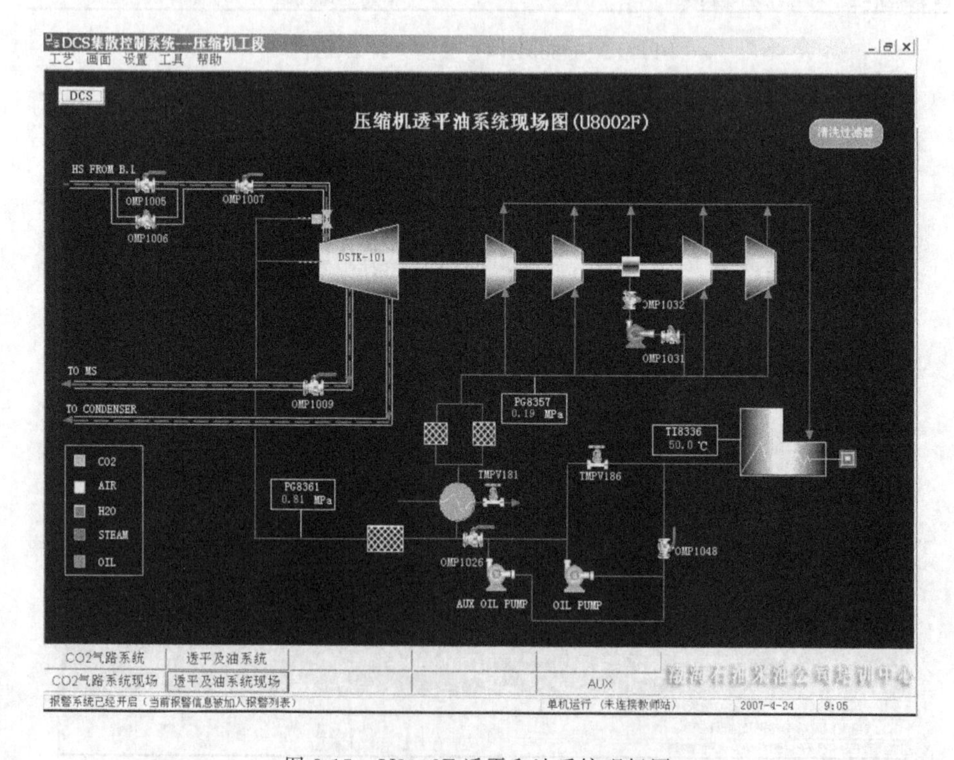

图 8-15 U8002F 透平和油系统现场图

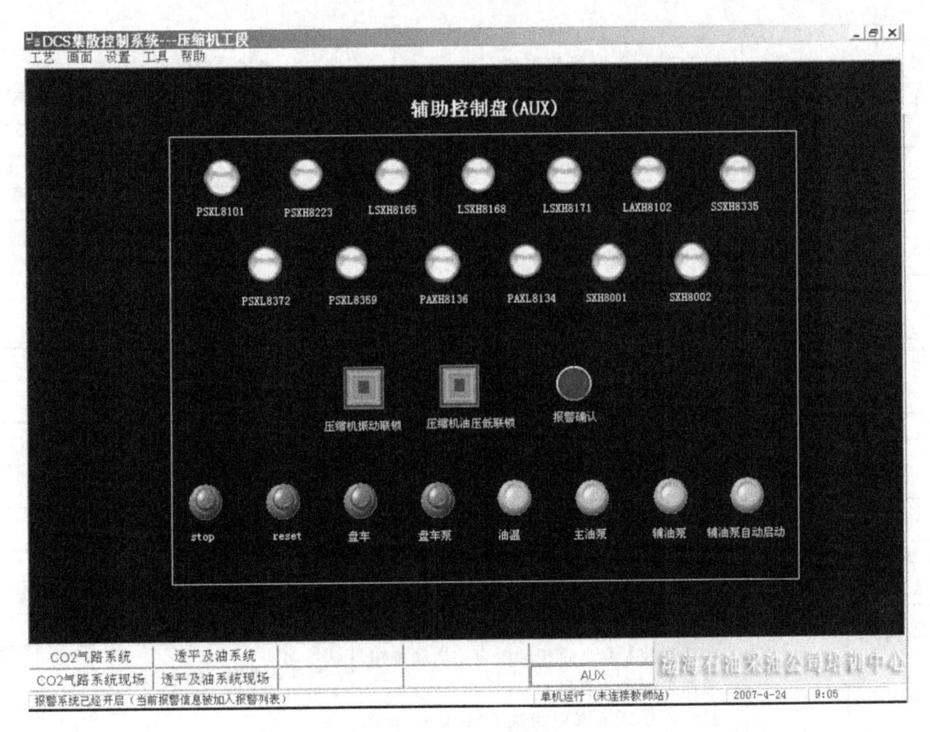

图 8-16 AUX 辅助控制盘

8.4.7 开车步骤

见表 8-9。

总分：900.00

表 8-9 正常开车步骤及关键步骤简要说明

操作过程	分值	操作步骤	关键步骤简要说明	备注
准备工作	30.00			
1.1	10.00	压缩机岗位 E119 开循环水阀 OMP1001，引入循环水	开启冷却水，对压缩后返回气体进行降温	
1.2	10.00	压缩机岗位 E120 开循环水阀 OMP1002，引入循环水		
1.3	10.00	压缩机岗位 E121 开循环水阀 TIC8111，引入循环水	E121 循环水要严格控制防止干冰出现	
CO_2 压缩机油系统开车	100.00			
2.1	10.00	在辅助控制盘上启动油箱油温控制器，将油温升到 40℃左右		
2.2	10.00	打开油泵上游阀 OMP1048	油泵是容积式泵，注意开泵顺序，与离心泵不一样	
2.3	10.00	打开油泵下游阀 OMP1026		
2.4	10.00	从辅助控制盘上开启主油泵 OILPUMP		
2.5	10.00	调整油泵回路阀 TMPV186，将控制油压力控制在 0.9MPa 以上	注意油压的调整方式	
2.6	50.00	控制油压力	正常值 0.95MPa，该油压质量分值很重，在生产中也非常重要	

续表

操作过程	分值	操作步骤	关键步骤简要说明	备注
盘车	50.00			
3.1	10.00	开启盘车泵的上游阀 OMP1031		
3.2	10.00	开启盘车泵的下游阀 OMP1032		
3.3	10.00	从辅助控制盘启动盘车泵		
3.4	10.00	在辅助控制盘上按盘车按钮盘车至转速大于 150r/min		
3.5	10.00	检查压缩机有无异常响声,检查振动、轴位移等		
停止盘车	40.00			
4.1	10.00	在辅助控制盘上按盘车按钮停盘车		
4.2	10.00	从辅助控制盘停盘车泵		
4.3	10.00	关闭盘车泵的下游阀 OMP1032		
4.4	10.00	关闭盘车泵的上游阀 OMP1031		
联锁试验(略)				
暖管暖机	180.00			
6.1	10.00	在辅助控制盘上点辅油泵自动启动按钮,将辅油泵设置为自启动	当油压低时,辅油泵自动开启	
6.2	10.00	打开入界区蒸汽副线阀 OMP1006,准备引蒸汽		
6.3	10.00	打开蒸汽透平主蒸汽管线上的切断阀 OMP1007,压缩机暖管		
6.4	10.00	全开 CO_2 放空截止阀 TMPV102		
6.5	10.00	全开 CO_2 放空调节阀 PIC8241		
6.6	10.00	透平入口管道内蒸汽压力上升到 5.0MPa 后,开入界区蒸汽阀 OMP1005		
6.7	10.00	关副线阀 OMP1006		
6.8	10.00	打开 CO_2 进料总阀 OMP1004		
6.9	10.00	全开 CO_2 进口控制阀 TMPV104		
6.10	10.00	打开透平抽出截止阀 OMP1009		
6.11	10.00	从辅助控制盘上按一下 RESET 按钮,准备冲转压缩机		
6.12	10.00	打开透平速关阀 HS8001		
6.13	10.00	逐渐打开阀 HIC8205,将转速 SI8335 提高到 1000r/min,进行低速暖机		
6.14	10.00	控制转速 1000,暖机 15min(模拟为 2min)	转速在 1000r/min 维持 120s 评分结束,可继续升速,超过 380r/min 严重错误	
6.15	10.00	打开油冷器冷却水阀 TMPV181		
6.16	10.00	暖机结束,将机组转速缓慢提到 2000r/min,检查机组运行情况		
6.17	10.00	检查压缩机有无异常响声,检查振动、轴位移等		
6.18	10.00	控制转速 2000,停留 15min(模拟为 2min)	转速在 2000r/min 维持 120s 评分结束,可继续升速,超过 380r/min 严重错误	

续表

操作过程	分值	操作步骤	关键步骤简要说明	备注
过临界转速	150.00			
7.1	10.00	继续开大 HIC8205,将机组转速缓慢提到 3000r/min		
7.2	10.00	控制转速 3000,停留 15min(模拟为 2min),准备过临界转速(3000～3500r/min)	转速在 3000r/min 维持 120s 评分结束,可继续升速,超过 380r/min 严重错误	
7.3	10.00	继续开大 HIC8205,用 20～30s 的时间将机组转速缓慢提到 4000r/min,通过临界转速		
7.4	10.00	逐渐打开 PIC8224 到 50%		
7.5	10.00	缓慢将段间放空阀 HIC8101 关小到 72%		
7.6	10.00	将 V111 液位控制 LIC8101 投自动		
7.7	10.00	将 V111 液位控制 LIC8101 的 SP 设定在 20%左右		
7.8	10.00	将 V119 液位控制 LIC8167 投自动		
7.9	10.00	将 V119 液位控制 LIC8167 的 SP 设定在 20%左右		
7.10	10.00	将 V120 液位控制 LIC8170 投自动		
7.11	10.00	将 V120 液位控制 LIC8170 的 SP 设定在 20%左右		
7.12	10.00	将 V121 液位控制 LIC8173 投自动		
7.13	10.00	将 V121 液位控制 LIC8173 的 SP 设定在 20%左右		
7.14	10.00	将 TIC8111 投自动		
7.15	10.00	将 TIC8111 的 SP 设定在 52℃左右		
升速升压	140.00			
8.1	10.00	继续开大 HIC8205,将机组转速缓慢提到 5500r/min	遵循欲升压先升速原则	
8.2	10.00	缓慢将段间放空阀 HIC8101 关小到 50%		
8.3	10.00	继续开大 HIC8205,将机组转速缓慢提到 6050r/min		
8.4	10.00	缓慢将段间放空阀 HIC8101 关小到 25%		
8.5	10.00	缓慢将四回一阀 HIC8162 关小到 75%		
8.6	10.00	继续开大 HIC8205,将机组转速缓慢提到 6400r/min		
8.7	10.00	缓慢将段间放空阀 HIC8101 关闭		
8.8	10.00	缓慢将四回一阀 HIC8162 关闭		
8.9	10.00	继续开大 HIC8205,将机组转速缓慢提到 6935r/min		
8.10	50.00	调整 HIC8205,将机组转速 SI8335 稳定在 6935r/min		

续表

操作过程	分值	操作步骤	关键步骤简要说明	备注
投料	210.00			
9.1	10.00	逐渐关小 PIC8241,缓慢将压缩机四段出口压力提升到 14.4MPa,平衡合成系统压力	PIC8241 一定要缓慢关闭,尤其是 OP 值低于 50 以后,否则就会由于喘振而跳车;同时 OMP1003 打开后,要及时关注 PIC8241 的 PV 值,及时调整	
9.2	10.00	打开 CO_2 出口阀 OMP1003		
9.3	10.00	继续手动关小 PIC8241,缓慢将压缩机四段出口压力提升到 15.4MPa,将 CO_2 引入合成系统		
9.4	10.00	当 PIC8241 控制稳定在 15.4MPa 左右后投自动	PIC8241 的 OP 值大约在 0	
9.5	10.00	将 PIC8241 的 SP 值设定在 15.4MPa		
9.6	80.00	四段出口压力控制	正常值 15.4	
9.7	80.00	CO_2 输气量控制稳定	正常值 26500	

参 考 文 献

[1] 姚玉英等. 化工原理. 上下册. 天津：天津大学出版社，2001.
[2] 陆美娟等. 化工原理. 上下册. 北京：化学工业出版社，2006.
[3] 吴重光. 化工仿真实训指导. 北京：化学工业出版社，2006.
[4] 厉玉鸣. 化工仪表及自动化. 第3版. 北京：化学工业出版社，2007.
[5] 王树青等. 工业过程控制工程. 北京：化学工业出版社，2002.
[6] 孙优贤，邵惠鹤. 工业过程控制技术. 应用篇. 北京：化学工业出版社，2005.
[7] 王锦标. 计算机控制系统. 第2版. 北京：清华大学出版社，2008.9.
[8] 张立新等. 传质分离技术. 北京：化学工业出版社，2009.
[9] 潘文群等. 传质分离技术. 北京：化学工业出版社，2008.